송학운 & 김옥경의

몸을 살리는
자연식 밥상
365

개정
증보판

김옥경 지음

수작 걸다

오직
살기 위해
자연식을
시작하다

오직 살기 위해 자연식을 시작하다

한 해가 마무리되는 이맘때면 제 마음은 감사함으로 가득
차오릅니다. 23년 전 이맘때, 생과 사의 갈림길에 놓였던
그 겨울이 아직도 눈앞에 선하기 때문이지요. 청천벽력 같은
남편의 직장암 말기 진단에 6개월 시한부 선고까지, 불행은
예고 없이 찾아왔습니다. 체육 교사로 재직하며 건강 하나만은
누구보다 자신하던 남편이었기에 실로 받아들이기 어려운
현실이었습니다. 병원에서도 포기한 말기 암 환자…… 죽음의
공포 앞에 우리 부부는 지푸라기라도 잡는 심정으로 기적의
약을 찾아 전국을 헤매기 시작했습니다. 하지만 그 어떤 약도
남편에게서 죽음의 그림자를 거두지 못했지요. 그 막다른
길목에서 남편과 제가 찾은 길이 자연식입니다. 우리 부부는
최후의 방법으로 집을 산속으로 옮기고, 먹는 음식을 모두
자연식으로 바꾸었습니다. 오직 살기 위해 자연식을 시작한
것입니다. 그로부터 1년 뒤, 남편은 다시 고등학교 체육 교사로
복직했습니다. 1년간 남편이 먹은 약이라고는 신선한 공기와
자연 그대로의 요리, 자연식이 전부였습니다.

'밥' 때문에 병이 났고 '밥' 때문에 새 생명을 얻다

옛말에 '밥이 곧 보약'이라고 했지요. 하지만 밥에 무슨 약효가 있겠습니까? 그저 세끼 밥 잘 챙겨 먹고 규칙적으로 생활하는 것이 건강의 기본이라는 의미겠지요. 저는 남편이 암에 걸리고, 죽을 위기에 처하고, 다시 건강해지는 과정을 지켜보며 그 말이 진리임을 새삼 깨달았습니다. 남편은 '밥' 때문에 병이 났고 '밥' 때문에 새 생명을 얻었습니다.

병에 걸리기 전 남편의 '밥'은 그저 고기와 술이었지요. 한 끼라도 고기반찬 없이는 수저를 들지 않았습니다. 집에서도 이러한데, 집 밖에서의 식사는 오죽했을까요. 그런 밥들이 남편 몸속에서 병을 만들고 키운 겁니다. 그런데 놀랍게도 남편의 망가진 몸을 추슬러 다시 회복시킨 것도 다름 아닌 '밥'이었습니다. 자연의 재료로만 만들고, 자연스러운 방법으로 조리한 자연식이 남편의 바뀐 '밥'이었지요. 그 '밥' 덕분에 남편은 암을 이겨냈고 지금까지도 제 곁에서 건강하게 살고 있습니다. 자연식이야말로 유일한 치료약이자 예방약인 셈입니다.

100세 시대, 먹는 것이 예방약이고 치료약이다

'자연식'은 우리 부부가 죽음의 고비에서 유일하게 찾아낸 살길입니다. 남편과 저는 우리가 걸어왔던 오래 전 그 겨울처럼 건강을 잃고 칠흑같이 어두운 길을 걷고 있는 이들에게 우리가 직접 체험한 자연식의 노하우를 나누기로 했습니다. 이러한 우리의 이야기는 여러 방송 프로그램으로, 책으로 알려지기 시작했고, 매달 두 번씩 9박 10일 일정으로 수많은 환자들을 만난 지도 어언 20여 년이 넘는 시간이 흘렀습니다. 그사이 우리를 찾아오는 이들의 연령대는 30대, 20대, 10대까지 낮아지고 굳이 환자가 아닌 일반인의 발걸음도 잦아졌지요. 우리를 찾아오는 삶을 꿈꾸는 이들과 함께 자연생활공동체를 만드는 일은 우리 부부의 오랜 꿈이기도 합니다. 이를 위해 우리 부부는 지난해 영덕으로 터전을 옮겨 새롭게 '자연생활교육원'을 열었습니다. 자연의 축복을 받은 드넓은 대지에서 직접 땀흘려 키운 유기농 제철 채소와 과일로 차린 자연식 밥상을 많은 이들과 함께 나누려는 의지이기도 합니다.

인생을 경영하듯 365일 밥상을 경영하다

"자연식, 어떻게 시작하면 되나요?" 많은 이들이 자연식을
궁금해하고 그 실천법을 물어옵니다. 하지만 외식에 길들여진
현대인에게 자연식은 여전히 쉽지 않은 선택입니다. 자연식을 한다는
것은 한 가지 요리 메뉴를 넣거나 빼는 것이 아니라 식단을 바꾸는
일이기 때문이지요. 이 책은 5년 전, 실질적인 자연식 안내서로
기획되었습니다. 몸의 이치에 따라 아침과 점심, 저녁 식단 구성을
달리하고 봄·여름·가을·겨울 제철 재료를 바탕으로 식단을
구성했지요. 이후 많은 분들께 사랑받은 이 책을 올겨울 다시
개정증보판으로 펴내게 되었습니다. 그동안 새롭게 개발한 많은
요리도 수록하고, 한눈에 밥상을 볼 수 있도록 사진과 편집에 보다
신경 썼습니다. 아직까지 자연식이 낯선 분들께 도움이 되고자
자세한 요리 팁도 추가했습니다. 많은 분들이 물어오는 자연식의
기본 원리와 식단 구성의 원칙, 과실청부터 채소 잼, 고추장, 쌈장
등의 자연식 조미료 만들기, 각양각색 김치 만들기까지 기존의
책에서는 다루지 못했던 내용까지 꼼꼼하게 소개했습니다.

더 늦기 전에! 밥상을 바꿔라

최근 '자연생활교육원'에서는 자연식을 궁금해하는 일반인을
위해 힐링 프로그램을 시작했습니다. 조금이라도 건강할 때
자신의 건강을 지키려는 똑똑한 이들이 늘어났기 때문이지요.
건강한 사람들이 자연식을 먹는 모습을 바라보는 환자 분들의
반응은 한결같습니다. "아프기 전에 이 밥을 먹는 당신은 정말
행운아입니다." 처음 자연식을 맛본 사람들은 음식이 어떻게 우리
몸을 이롭게 하는지를 단박에 알아차립니다. 일주일가량 온전히
자연식을 섭취하면 몸이 반응하기 시작하지요. 제철의 가장 싱싱한
재료로 본연의 맛과 색을 잃지 않도록 천연의 맛을 내는 요리는
당신의 몸과 마음을 서서히 변화시킵니다.
건강한 음식, 맛있는 음식, 아름다운 음식. 이 세 가지가 들어간다면
오늘 당신의 밥상은 최고의 밥상이 될 것입니다. 사랑하는 사람과의
따뜻한 식사. 건강을 지키고, 인생을 지키세요.

영덕 '자연생활교육원'에서
김옥경

일러두기

① 이 책의 한 컵 기준은 200ml입니다.
② 모든 재료를 제철식품이 기본이며,
대부분 그램(g)으로 표기했습니다.
③ 요리에 사용한 소금은 천일염이며, 그 외
구운 소금과 굵은 소금은 별도 표기했습니다.
④ 레시피에 표기된 채소국물은 148쪽에
국물 내는 방법이 자세히 소개되어 있습니다.
⑤ 책에 소개된 밥 1공기는 150g 기준입니다.
⑥ 자연식 요리에 필요한 가루간장,
글루텐, 통밀면 등의 식재료는 전국의
채식전문재료판매점에서 구입 가능합니다.

베지푸드 www.vegefood.co.kr
삼육유기농자연식품 www.abc3636.com

CONTENTS

CONTENTS

CONTENTS

자연스러운 재료를
자연스럽게 조리해 먹는 일

자연식을 말하다

'먹는 것이 곧 그 사람'이라는
말이 있습니다. 건강한 음식을
먹으면 건강해지고, 변질된
음식을 먹으면 사람의 몸도
변질될 수 있다는 의미이지요.
결국 자연식이란 사람을
가장 자연스럽게 만드는
음식입니다. 자연식을 한다는
것은 곧 스스로를 자연스럽게,
건강하게 만든다는 뜻이지요.
자연에서 가져온 재료들로,
최소한으로 조리해 만든
자연식을 섭취함으로써 우리
몸속 세포들은 서서히 자연의
흐름에 맞게 움직이게 됩니다.
그렇게 자연의 흐름을 다시
찾은 몸은 면역력을 회복하고
암과는 거리가 먼 건강한 상태를
유지하지요. 이것이 우리가
자연식을 해야 하는 이유입니다.

자연식이란

생명력을 담은 밥상이다
변형이 없는 음식이다
발효하지 않은 요리이다
영양의 균형이다
서너 가지 음식의 소박한 밥상이다
최소한의 '간'이다

자연식 식사 요령

식사는 4~5시간 간격을 둔다
간식은 절대 삼간다
과일도 정식 메뉴이다
아침·점심·저녁 음식을 달리한다
정해진 시간에 물을 마신다
1년에 한 번 과일 단식을 한다

자연식이란

생명력을 담은 밥상이다

육식을 하지 않는 자연식에서 재료 선택은 영양 섭취에
중요한 요소입니다. 자연식에서는 고기나 유제품, 가공식품을
사용하지 않는 대신, 자연에서 온 재료를 사용합니다. 제철
채소와 과일, 곡류, 해조류 등 자연의 생명력을 전해주는
식재료를 쓰지요. 통곡식과 신선한 채소와 과일, 견과류는
모든 밥상에 오르는 주된 식재료입니다. 이중에서도 콩류는
육식을 대체하는 자연식의 단백질 공급원으로 중요한
식재료이지요. 특히 아침마다 콩류를 갈아 두유로 마시면
소화가 촉진되고 대장 내 유산균을 증식시켜 건강에
이롭습니다. 이처럼 생명력 가득한 섬유질이 풍부한 식사를
함으로써, 음식물의 소화와 배설에 관해 발생하는 변비,
식도염, 위 처짐 등 13가지 질병이 없어진다고 합니다. 더불어
암, 당뇨, 고혈압 등의 성인병과도 거리가 멀어지지요.

변형이 없는 음식이다

자연식이란 자연스러운 재료를 자연스럽게 조리해 먹는
일입니다. 자연스러운 음식은 변형이 없는 음식을 말합니다.
비자연적인 조미료를 배제하고 자연의 맛을 살리면 되지요.
깨끗한 재료를 꼼꼼하게 골라내고 재료 속에 살아 있는
영양소를 그대로 섭취할 수 있도록 최소한의 조미와 조리를
고수합니다. 바로 그것이 본래 재료가 가지고 있는 영양과
맛을 최대한 살리는 길이지요.
자연식 조리법은 찜이나 구이, 샐러드처럼 되도록 열을
적게 가하고, 영양소 손실을 최소화하는 조리법입니다.
조리 시에는 되도록 껍질까지 사용하며, 과일 역시 껍질째
먹습니다. 그래서 자연식을 두고 '섬유질 식단'이라 부르기도
하지요. 생으로 먹을 수 있는 것은 가급적 그냥 먹고, 맛이
변할 정도로 익히거나 변형시키는 것은 자제해야 합니다.

발효하지 않은 요리이다

자연식에서는 가능한 한 음식을 발효하지 않고 먹습니다.
우유를 발효시킨 요구르트나 치즈를 삼가는 것은 물론이고,
간장, 된장도 가루간장이나 자연식 된장처럼 발효시키지 않고
만든 것을 사용하지요. 김치도 마찬가지입니다. 젓갈 대신에
채소국물이나 현미죽을 이용해 자연식 김치를 만들어 먹는데,
시원하면서도 담백하고 깔끔한 맛이 일품이지요. 저장 기간이
길지 않아 두고두고 먹는 저장용 김치보다는 신선한 재료로
그때그때 버무려서 바로 먹는 겉절이류가 많습니다.

영양의 균형이다

자연식을 한다고 해서 영양을 고려하지 않고 몸에 좋다는
음식만 모아 먹는 것은 무모한 일입니다. 하나의 음식물에
만병통치의 기적이 숨어 있지 않기 때문이지요. 자연식에서
영양소의 비율은 중요합니다. 영양소의 총 섭취량을 100%
기준으로 했을 때 '탄수화물 60%, 단백질 10%, 지방질 10%,
비타민 10%, 무기질 10%' 정도가 가장 이상적인 비율이지요.
칼로리는 적고 영양은 풍부한 콩류, 견과류, 과일을 통해
영양소를 섭취하는 것이 가장 좋습니다. 단백질은 콩류,
지방질은 견과류, 비타민과 무기질은 채소류와 해조류에서
섭취합니다. 채소, 견과류, 과일 등 자연식 재료 대부분이
생식이 가능해 있는 그대로 먹기를 권합니다. 재료가 원래
갖고 있는 영양소와 식감을 생생하게 맛볼 수 있답니다.

서너 가지 음식의 소박한 밥상이다

자연식의 기본은 단순한 조리, 소박한 밥상입니다. 메뉴는
돌려가며 준비하되, 한 끼 밥상은 서너 가지 음식을 넘지 않게
차리지요. 한 끼에 너무 많은 음식물을 먹으면 위에 부담을
주고, 소화가 잘 되지 않기 때문입니다. 그렇다고
늘 똑같은 단조로운 식단도 입맛을 잃게 하니 건강에 도움이
되지 않습니다. 일주일 또는 한달 간격의 식단을 통해 다양한
음식을 섭취할 수 있도록 신경 써야 합니다. 같은 제철 재료를
사용하더라도 다양한 방법으로 입맛을 새롭게 바꾸는 지혜도
필요합니다.

최소한의 '간'이다

자연식에서는 화학조미료나 자극적인 양념의 사용을
원칙적으로 금합니다. 자극적인 음식은 혈액에 열을 주고
피를 탁하게 하기 때문이지요. 소금 역시 꼭 필요한 경우가
아니라면 사용하지 않습니다. 소금을 많이 먹으면 염분을
조절하는 신장에 무리가 생기고 혈액순환에 문제가 생길
수 있습니다. 좋은 소금을 골라 최소한의 간을 맞추는 게
자연식 요리의 원칙입니다. 생으로 먹는 과일과 채소는
물론이고 구이나 찜, 두유, 죽에도 소금 간을 하지 않지요.
자연식 요리에서는 주로 천일염을 씻어 고온에서 구운 소금을
사용하는데, 천일염에 비해 짠맛은 덜하나 마그네슘, 칼슘,
칼륨, 염화칼슘, 무기질, 철, 아연 등의 미네랄이 풍부하게
들어 있습니다.

자연식 식사 요령

식사는 4~5시간 간격을 둔다

좋은 음식을 섭취하는 것만큼 중요한 것이 규칙적인 식사 시간을 지키는 것입니다. 자연식 식사는 4~5시간 이상의 간격을 두는 것을 원칙으로 합니다. 앞서 먹은 음식물이 완전히 소화된 후에 다음 식사를 하는 것이지요. 소화작용에도 리듬이 있는데, 수시로 음식을 먹으면 소화가 제대로 이루어지지 않기에 끼니 사이에는 최소 4시간이 꼭 필요합니다. 끼니 간격을 4시간으로 하되, 저녁 식사는 반드시 해가 지기 전에 끝내도록 합니다. 우리 몸의 소화 흡수를 돕는 식사습관입니다.

자연식 식사 요령 2
간식은 절대 삼간다

자연식에서 간식은 절대 금물입니다. 음식이 소화되기도 전에 간식을 먹으면 장기 활동에 무리가 가기 마련이고, 음식물은 채 소화되지 못한 채 장에 쌓이기 때문이지요. 이렇게 몸 안에 쌓인 음식물 찌꺼기는 세포 활동과 피의 흐름을 방해하는 '독'이 됩니다. 음식을 자주 먹다보면 음식이 위에 오랫동안 머물고 그것을 소화시키기 위해 산이 많이 나오게 되는데, 산이 많아지면 역류가 심해지고 식도염이 생기기 쉽습니다. 그러므로 먹은 음식이 완전히 소화된 다음에 다음 음식을 먹어야 합니다. 간식은 이 메커니즘을 깨트립니다. 간식을 먹지 않기 위해서는 식사를 충분히 하고, 식사 때마다 과일을 충분히 먹고 물을 자주 마시는 게 좋습니다.

자연식 식사 요령 3
과일도 정식 메뉴이다

보통 사람들은 과일을 후식이나 간식으로 즐기는데, 자연식에서 과일은 밥상에 같이 올려 즐기는 음식입니다. 엄연한 정식 메뉴이지요. 자연식에서 과일은 '청소와 해독' 작용을 합니다. 과일에 많이 들어 있는 칼륨이 몸속 쌓여 있는 나트륨을 배출해 수분을 조절하고 세포상태를 최적화시켜주는 역할을 합니다. 과일을 식사와 함께 먹는 것은 소화를 돕고 과일에 들어 있는 각종 비타민과 무기질 등의 영양소를 섭취하기 위해서이지만, 과일을 통해 당분을 충분히 섭취함으로써 간식을 먹는 것을 막기 위해서이기도 합니다. 과일 속의 과당은 먹자마자 몸에 에너지를 주는데, 소화 시간이 짧고 소화기관에 부담을 주지 않습니다.

아침·점심·저녁 식단을 달리한다

계절에 따라 재료를 달리하듯, 시간의 흐름에 따라 요리도 달라져야 합니다. 자연식에서는 아침, 점심, 저녁 식단 구성을 달리합니다. 같은 재료라 하더라도 조리법이 달라지요. 아침에는 위에 부담이 없는 죽이나 수프를 기본으로 탄수화물 메뉴와 단백질 대체식인 두유, 견과류를 밥상에 올리는 반면, 점심에는 밥과 국을 기본으로 반찬 두어 가지와 쌈채소를 함께 올려 충분한 영양을 공급합니다. 하루 세 끼 마무리에 해당하는 저녁에는 일품요리와 간단한 서브메뉴로 위의 부담을 덜어줍니다. 더불어 자연식에서는 밥의 양을 줄이고 다양한 반찬 섭취를 권합니다. 밥은 1공기 150g 기준입니다. 끼니에 과일을 함께 올리는 것도 잊지 마세요.

자연식 식사 요령 4

정해진 시간에 물을 마신다

간식을 멀리하는 대신 물을 가까이합니다. 목이 마르기 전에 충분히 물을 마셔 몸속 수분 비중을 유지하는 것이 중요합니다. 만약 갈증을 느낄 정도라면 이미 몸속은 가뭄으로 비상상태가 되어 있는 것이지요. 하루에 총 10잔의 물을 마시면 좋은데, 3잔 정도는 음식물을 통해 섭취하므로 기상 직후와 식전 식후 1시간 또는 30분 간격으로 하루 총 7잔 정도를 마시면 됩니다. 이중 가장 중요한 것은 아침에 일어나자마자 마시는 물입니다. 기상 후 마시는 물은 공복 상태인 위장을 지나 바로 대장으로 내려가 대장을 자극해 배변을 원활하게 해주지요. 물은 끓이거나 가공하지 않은 체온과 비슷한 온도의 생수가 좋습니다. 물을 마실 땐 가능한 한 천천히, 땀을 많이 흘리는 여름에는 더 많이 마셔주세요.

자연식 식사 요령 5

자연식 식사 요령 6
1년에 한 번 과일 단식을 한다

평소 비만이거나 지나치게 짜게 먹는 식습관이 있거나, 고기를 많이 먹는 사람이라면 자연식으로 가기 위한 몸의 준비가 필요합니다. 과일 단식이 그 방법입니다. 1년 365일 중 딱 3일은 과일 단식을 실천해보세요. 몸속 노폐물이 제거되고 몸에 좋은 입맛을 되찾아줍니다. 과일 단식은 3일 동안 과일과 물을 먹는 방식으로, 음식을 너무 많이 먹어서 생긴 몸의 무리를 장기들이 쉴 수 있게 함으로써 정상으로 돌아가게 하는 과정이라 할 수 있습니다. 그사이 해로운 활성산소를 막아주고 손상된 세포를 재생시켜 각종 질병과 노화를 방지해주는 피토케미컬 효과까지 볼 수 있지요. 3일 동안 세 끼를 각각의 제철 과일을 돌려가며 먹으면 되는데, 1끼 200g을 기준으로 합니다. 과일 단식 중에는 1일 1.5리터의 물을 마셔줍니다. 수술 직후나 항암 치료 중, 저혈당, 쇠약한 상태에서는 시도하면 안 됩니다.

간장

핑크소금

가루간장

구운 소금

자연식 맛 내기 천연 재료

짠맛

국 요리 → 국간장 · 핑크소금

제대로 담근 간장은 약이 된다는 말처럼, 간장은 자연식 요리에서 짠맛을 내주는 중요한 조미료입니다. 짜지 않으면서 감칠맛이 도는 게 자연식 간장의 특징이지요. 나물이나 무침에 가루간장을 쓰는 반면, 조림이나 국에는 국간장이나 핑크소금을 넣습니다. 핑크소금으로 국물 간을 맞추면 그 맛이 더 시원해집니다.

무침&샐러드 요리 → 가루간장

자연식 요리에는 발효되지 않은 조미료를 사용합니다. 가루간장은 발효시키지 않은 콩으로 만든 천연 조미료로, 간장이 발효될 때 생성되는 '아폴로톡소'라는 독소를 피할 수 있지요. 발효 상태를 거치지 않은 가루간장은 뒷맛이 깔끔하며, 무침이나 샐러드 등 어디에나 잘 어울립니다.

모든 요리 → 구운 소금

구운 소금은 천일염을 고온에서 볶거나 구워서 만든 소금이지요. 쓴맛 나는 간수 성분이 제거되어 맛도 부드럽고, 천일염에 비해 짠맛이 덜해 모든 요리에 잘 어울립니다. 정제 과정을 거치며 미네랄이 빠져나간 흰 소금에 비해 영양 성분 또한 풍부합니다. 책에 표기한 소금은 대부분 구운 소금입니다.

꿀

조청

매실청

마스코바도

단맛

모든 요리 → 매실청

매실은 생과실로는 먹지 못하지만 숙성시킨 후에는 여러모로 쓰임새가 많아집니다. 청은 단맛을 살려주는 천연 조미료로, 건더기는 장아찌 재료로 사용합니다. 매실이 숙성되면서 해독과 항균 작용도 높아져 건강에 더욱 이롭지요. 매실 속 유기산이 위장의 작용을 도와 위 건강을 지켜줍니다.

생채 요리 → 꿀

자연식에서는 꿀로 단맛을 냅니다. 향이 나면서도 뒷맛이 개운해 주로 열을 가하지 않은 생채 요리에 사용하기 좋지요. 비타민 B는 물론 무기질이 풍부해 건강에도 이롭습니다. 채밀하는 꽃에 따라 꿀의 종류도 다양한데, 요리에는 단맛과 상쾌한 느낌을 주는 아카시아 꿀이 제격이지요.

청&잼 → 마스코바도 · 유기농 원당

다양한 청이나 잼을 만들 때는 마스코바도를 즐겨 사용합니다. 시중의 설탕과 달리 당밀 분리나 정제 과정을 거치지 않아 칼슘이나 칼륨, 철분 등의 미네랄 함유량이 높지요. 지나치게 달지 않고, 촉촉하면서도 신선한 풀 향기가 자연식과 잘 어울립니다. 그밖의 맑은 빛깔의 일반 요리에서는 유기농 원당으로 단맛을 냅니다.

잼&조림 요리 → 조청

쌀, 수수, 좁쌀, 옥수수 등 천연 재료에 엿기름을 부어 고아낸 조청은 단맛을 내기 위해 사용하는 전통 감미료입니다. 올리고당이나 설탕으로는 낼 수 없는 감칠맛을 살려주지요. 따뜻한 물에 조청을 풀어 사용하는데, 견과류 등을 넣어 섞으면 맛깔난 샐러드 소스가 된답니다. 조림 요리에는 적당량을 넣어야 음식이 딱딱해지지 않습니다.

잣　　아마씨유　　참깨　캐슈너트

고소한 맛

고명&샐러드 소스 → 잣 · 캐슈너트

철분과 무기질이 풍부한 잣은 몸이 허할 때 먹으면 기운을 보충해주지요. 자연식에서는 고소한 맛을 내는
조미료로도 사용되는데, 고깔만 떼고 조림 요리의 고명으로 얹거나 곱게 다져 두유와 섞어 먹어도 좋답니다.

무침 요리 → 아마씨유

식품 중 오메가-3가 가장 많이 함유되어 있습니다. 특별한 향과 맛이 없어 어디에나 넣어 먹기 좋지요. 아마씨유에는
천연 독성 물질 시안배당체가 있으므로 반드시 가열하거나 볶은 뒤 사용하세요. 마른 팬에 볶아 그대로 섭취하거나
기름 또는 분쇄기에 갈아 음식에 활용해도 좋습니다.

무침 요리 → 참깨

다량의 항산화 물질이 함유되어 세포의 노화를 막아주고, 단백질과 철분, 비타민 E가 풍부해 피로 회복은 물론
스트레스 해소에도 좋은 천연 조미료입니다. 참깨의 영양분을 그대로 섭취하고 싶다면 마른 팬에 물기가 없어질
때까지 볶아두었다가 필요할 때마다 즉석에서 갈아 사용하세요.

국 요리 → 캐슈너트

필수지방산이 풍부한 캐슈너트는 영양의 보고입니다. 자연식에서는 천연 조미료로도 가치가 높은데, 국 끓일 때
채소국물을 조금 넣고 곱게 간 캐슈너트를 넣으면 고소한 맛이 배가되지요. 특히 뽀얀 색깔이 식욕을 불러일으키는
데 효과적입니다. 식사 시 몇 알씩 챙겨 먹으면 건강에 도움이 됩니다.

포도청   레몬즙   아로니아청

신맛

샐러드 소스 → 포도청

포도와 마스코바도를 1:1 비율로 넣어 2~3개월 숙성시킨 포도청은 자연식 요리에서 식초 대용으로 즐겨 사용되는 청입니다. 은은한 포도향이 돌아 샐러드에 넣으면 맛과 향이 더욱 살아나지요. 비타민과 유기산도 풍부해 물을 타서 마시면 건강 음료로 즐길 수 있답니다. 갈증, 피로 회복, 독소 배출 등에 효과적입니다.

소스&생채&볶음 요리 → 레몬즙

신맛과 상큼한 맛이 함께 나는 레몬즙은 요모조모 쓰임새가 많습니다. 특유의 신맛이 발효 식초의 맛을 대체해주고 비타민 C가 풍부해 피로 회복에도 도움을 주지요. 소스에 넣거나 생채 요리에 뿌리면 상큼함을 더해줍니다. 레몬에 살짝 열을 가하여 즙을 내면 생것보다 즙이 더 많이 나온답니다. 레몬즙은 미리 짜두면 비타민 C가 감소되므로 요리 시에 즉석에서 짜서 사용하세요.

소스&생채 요리 → 아로니아청

새콤하면서도 신맛이 나는 아로니아는 유럽에서 왕족들이 만병통치약처럼 즐겨 먹었다하여 '킹스베리'로도 불립니다. 베리류 중에서도 항산화 물질인 안토시아닌이 가장 많이 함유된 과일로, 블루베리의 4배에 달하지요. 최근엔 국내 재배량도 늘어 직접 청을 담가 먹기 좋답니다.

왕처럼 즐기다

아침 밥상

간밤에 꺼내둔 콩을 삶아 갈아 두유를 만들고, 현미로 죽을 쑵니다. 미리 만들어둔 잼을
통밀식빵에 바르거나 냉동실에 얼려둔 떡을 꺼내 데워 과일, 견과류와 함께 내면 아침
식탁이 완성되지요. 자연식 밥상에서 제일 중요한 때가 아침 밥상입니다. 아침은 밤새
비워졌던 장기에 영양을 공급함과 동시에 하루 동안 활동할 에너지를 비축하는 시간이지요.
속이 더부룩하다, 소화가 잘 되지 않는다 등 이런저런 이유로 아침 식사를 꺼렸다면 이제
자연식 아침 밥상에 도전해보세요. 몸도, 마음도 가벼워질 겁니다.

"아침부터 이렇게 다양한 음식을 먹어요?"
자연식의 아침 밥상은 푸짐합니다.
죽과 두유, 떡, 빵, 각종 채소로 만든
샐러드, 견과류, 과일까지 보기만 해도
배가 부를 만큼 다양하지요. 하지만 메뉴
하나하나를 살펴보면 부담스러운 메뉴가
없답니다. 조리법 또한 간단해 누구나
손쉽게 차릴 수 있지요. 아무리 바빠도
견과류와 두유는 꼭 챙기세요!

menu **3**
샐러드

menu **4**
두유

menu **2**
탄수화물 메뉴

menu **1**
죽/수프

아침 밥상 식단 짜기

죽/수프 + 탄수화물 메뉴 + 샐러드 + 두유 (+ 견과류 + 과일)

죽/수프
왕의 식탁처럼 풍성한 자연식 아침 밥상의 핵심 메뉴가 죽 또는 수프입니다. 아침에는 밤새 비워졌던 위장에 자극이 되지 않도록 딱딱한 밥 대신에 목 넘김이 좋은 죽이나 수프를 주식으로 준비하지요. 시작이 좋아야 끝이 좋듯, 하루 첫 식사의 소화 흡수를 최대치로 끌어올리는 게 자연식 아침 밥상의 역할입니다.

샐러드
비타민과 무기질, 섬유질이 가득한 샐러드도 아침에 먹기 좋은 메뉴이지요. 특히 고구마, 마, 감자, 연근 등의 뿌리채소는 그대로 상에 올려도 좋고 찌거나 굽는 등 조리법도 간단해 아침용 샐러드 재료로 안성맞춤입니다. 샐러드 소스는 재료 그대로의 맛을 느낄 수 있게끔 너무 진하지 않게 준비합니다.

탄수화물 메뉴
기운을 보충하고 에너지를 공급하는 탄수화물 식단도 아침 밥상에 빠질 수 없지요. 샌드위치, 빵, 떡, 주먹밥 등 메뉴는 다양하지만 재료는 현미를 바탕으로 합니다. 현미나 현미찹쌀을 전날 저녁에 충분히 불려두었다가 가루를 내어 떡이나 빵 등을 만들어냅니다. 감자나 단호박 등의 탄수화물 채소를 이용한 메뉴도 좋습니다.

두유
자연식 아침 밥상에서 두유는 필수 메뉴입니다. 항암 작용에 뛰어난 대두의 단백질 섭취는 물론이거니와 뱃속 건강도 지켜주지요. 압력솥에 곧장 생콩을 삶아서 갈아 마시면 됩니다. 대두의 섬유질은 껍질에 풍부하니 껍질째 갈아드세요. 가급적 간을 하지 않는 게 좋으나 식성에 따라 약하게 간을 해 드세요.

견과류와 과일
아침 밥상에서 꼭 따져봐야 할 영양소가 단백질과 비타민, 무기질입니다. 이 모두를 함유한 식품이 견과류이지요. 견과류는 조리하지 않고 생으로 먹어야 영양분을 그대로 흡수할 수 있습니다. 호두는 2알, 아몬드는 10알씩 매일 번갈아 드세요. 과일 또한 계절에 관계없이 자연식 식단에 빠지지 않는 메뉴입니다. 보통 사람들은 과일을 후식이나 간식으로 즐기지만, 자연식에서는 식사와 함께 먹도록 밥상에 함께 올립니다. 몸에 쌓인 독성과 노폐물을 밖으로 내보내는 일이 과일의 역할입니다.

menu **4**
완두콩두유

menu **3**
마토마토카프리제

menu **1**
현미완두콩죽

menu **2**
허브샌드위치

봄

월요일

현미완두콩죽과 완두콩두유 밥상

현미완두콩죽 + 허브샌드위치 + 마토마토카프리제 + 완두콩두유 + 호두

자연식 밥상은 제철 재료로 차린 밥상입니다. 구태여 많은 재료가 필요하지도
않습니다. 오히려 여러 재료가 섞인 밥상보다는 영양 많은 한 가지 제철
재료가 주가 된 밥상이 소화에 도움이 된답니다. 봄날에는 이런 제철 재료들이
가득하지요. 첫 메뉴로 봄날의 신선함이 가득한 완두콩 식단을 소개합니다.
완두콩은 그 맛이 달아 두유와 죽으로 먹기 좋답니다.

완두콩
콩 중에서도 식이섬유가 가장
풍부해 변비 치료와 대장암 예방에
효과적입니다. 이뇨 작용도 뛰어나
몸이 자주 붓거나 소변보기가
어려울 때 먹으면 좋지요. 위장이
나쁘거나 설사 시 추천합니다.
단백질과 비타민 함량도 높은 편.

Menu 1 현미완두콩죽

[재료] 완두콩 100g, 현미 30g, 물 3컵

──────────────────────────

[만드는 법]
① 현미는 4시간 정도 불렸다가 쌀알이 반 정도 남도록 절구에 찧거나 분쇄기에 간다.
② 완두콩은 충분히 끓여 무르도록 푹 삶는다.
③ 삶은 완두콩은 식혀서 믹서에 곱게 간다.
④ 냄비에 미리 불려 갈아 놓은 현미와 삶은 완두콩, 분량의 물을 부어 센 불에 끓인다.
⑤ 한소끔 끓어오르면 불을 줄여 쌀알이 퍼지도록 뭉근히 끓인다.

Menu 2 허브샌드위치

[재료] 통밀식빵 4장, 양상추 · 오이 · 양파 20g씩, 허브 2~3장
[소스] 캐슈너트 30g, 아보카도 1/2개(100g),
꿀 · 레몬즙 · 올리브유 1큰술씩, 소금 약간

──────────────────────────

[만드는 법]
① 양상추는 먹기 좋게 손으로 뜯고, 오이는 세로로 얇게 저민다.
② 양파는 얇게 슬라이스한 후 찬물에 담가놓고, 허브는 흐르는 물에 씻는다.
③ 믹서에 분량의 소스 재료를 넣고 곱게 갈아 소스를 만든다.
④ 마른 팬에 통밀식빵을 구운 뒤 한쪽 면에 소스를 바른다.
⑤ ④ 위에 준비한 양상추와 오이, 양파, 허브를 순서대로 얹은 뒤 구운 식빵을 덮어 먹기 좋은 크기로 자른다.

TIP 먼저 센 불에 파르르 끓여야
콩죽을 끓일 때는 껍질이 푹 뭉개지도록 센 불에서 한 번 파르르 끓인 뒤에 약불로 뭉근하게 끓여야 속까지 잘 익습니다.

TIP 소스는 식빵 안쪽에 먼저 바르기
샌드위치 소스는 채소가 아닌 빵에 직접 발라 먹습니다. 소스를 채소에 섞으면 물기가 생기기 쉽습니다.

Menu 3 마토마토카프리제

[재료] 마 50g, 토마토 1개(200g)

[소스] 파인애플 · 키위 · 양파 20g씩, 블랙올리브 2알,
발사믹 식초 2큰술, 올리브유 1/4작은술

[만드는 법]
① 마는 주방장갑을 끼고 필러로 껍질을 벗겨 원형으로
슬라이스한다.
② 토마토는 꼭지를 제거한 뒤 원형 단면으로 슬라이스한다.
③ 소스 재료인 파인애플과 키위, 양파, 블랙올리브를 잘게
다진다.
④ 잘게 다진 ③의 소스 재료에 발사믹 식초와 올리브유를 섞어
소스를 완성한다.
⑤ 접시에 마와 토마토를 번갈아 놓고 소스를 뿌린다.

Menu 4 완두콩두유

[재료] 완두콩 30g, 대두 50g, 물 2컵

[만드는 법]
① 대두는 깨끗이 씻어 일어서 압력솥에 3배의 물을 붓고
삶는다.
② 압력솥의 추가 흔들리면 5분 뒤에 불을 끄고 김이 빠지고
나면 그 물까지 준비한다.
③ 완두콩은 같은 분량의 물을 넣고 10분간 삶는다.
④ 믹서에 삶은 완두콩과 그 물까지 넣고 ②를 부어 곱게 간다.

TIP 모차렐라 치즈 대신 마를 활용
마와 토마토는 환상의 궁합이지요.
만약 마의 미끌거리는 점액 성분이 먹기
불편하다면 연한 소금물에 살짝 데쳐
사용하세요.

TIP 삶은 콩물은 그대로 사용
콩을 삶은 뒤에는 삶은 콩물까지 버리지
말고 그대로 요리에 사용하세요. 삶은
콩물에 영양분이 담겨 있답니다.

menu 흑임자두유 **4**

menu 새송이시금치볶음 **3**

menu 고구마잣경단 **2**

menu 현미채소죽 **1**

봄

화요일

현미채소죽과 흑임자두유 밥상

현미채소죽 + 고구마잣경단 + 새송이시금치볶음 + 흑임자두유 + 군고구마 + 아몬드 + 사과

아침에는 핵심 에너지원인 탄수화물과 지방 섭취에 신경을 써야 합니다.
특히 양질의 지방을 섭취할 수 있는 견과류는 하루 중 아침에 드시기를
권합니다. 가공식품보다는 자연 그대로 섭취하세요. 가루를 내어 천연
조미료처럼 사용하는 것도 견과류를 섭취하는 또 다른 방법이지요.
고소하고 깊은 맛이 일품입니다.

흑임자
불로장수 식품으로 불리는 흑임자는
필수 아미노산과 칼슘, 철분, 비타민
등이 풍부해 건강식으로 적당하지요.
간과 심장, 폐, 신장의 기능도
보호해줍니다. 흑임자는 생으로
구입해두었다가 먹을 때마다 조금씩
마른 팬에 볶아 사용하세요.

Menu 1 현미채소죽

[재료] 애호박 · 양파 20g씩, 단호박 15g, 표고버섯 · 당근 10g씩,
현미 30g, 물 3컵

[만드는 법]
① 현미는 4시간 정도 불렸다가 쌀알이 반 정도 남도록 절구에
찧거나 분쇄기에 간다.
② 애호박, 양파, 단호박, 표고버섯, 당근은 잘게 다진다.
③ 냄비에 갈아놓은 현미와 물을 넣고 센 불에 저으면서 끓인다.
④ 한소끔 끓어오르면 불을 줄여 쌀알이 퍼지도록 뭉근히
끓인다.
⑤ 다진 채소를 넣고 한 번 더 끓여 불을 끄고 뚜껑을 덮어 뜸을
들여 완성한다.

Menu 2 고구마잣경단

[재료] 고구마 1/2개(100g), 잣 약간

[만드는 법]
① 고구마는 반 갈라 김 오른 찜기에 넣고 찐다.
② 찐 고구마에서 껍질을 제거한 뒤 체에 한 번 내려 먹기 좋은
크기로 모양을 만든다.
③ 고구마가 식는 동안 잣을 칼로 다져 가루를 낸다.
④ 준비해둔 잣가루에 ②를 굴려 완성한다.

TIP 현미와 현미찹쌀 섞기
현미죽을 처음 만들어본다면 현미찹쌀을
현미와 반반씩 섞어 사용해보세요.
현미찹쌀의 아밀로팩틴 분자는 끈기가
있어서 꺼칠꺼칠한 현미와 섞어 먹으면
식감이 좋아져요.

TIP 고구마 대신 단호박 사용하기
단호박을 고구마 대신 사용해도 좋아요.
단호박도 찜기에 찐 뒤 체에 걸러 사용해야
더 부드러운 맛을 즐길 수 있지요. 취향에
따라 시나몬 가루를 뿌려 먹어도 맛납니다.

Menu 3 새송이시금치볶음

[재료] 새송이버섯 1개(25g), 시금치 1줌(50g), 마늘 2쪽, 대파 약간
[양념] 가루간장 · 생강즙 · 유기농 원당 1큰술씩, 채소국물 1컵,
올리브유 약간

[만드는 법]
① 새송이버섯은 둥근 모양을 살려 얇게 썰고, 시금치는 먹기
좋은 길이로 자른다.
② 마늘은 얇게 편 썰고, 대파는 3cm 길이로 채 썬다.
③ 팬에 올리브유를 두르고 대파를 볶아 파 기름을 낸다.
④ ③에 준비한 새송이버섯과 마늘, 양념 재료를 한데 넣어
잘 배도록 볶는다.
⑤ 시금치를 넣은 뒤 한 번 더 살짝 볶아 그릇에 담는다.

Menu 4 흑임자두유

[재료] 흑임자 15g, 대두 50g, 물 1과1/2컵

[만드는 법]
① 대두는 깨끗이 씻어 일어서 압력솥에 3배의 물을 붓고
삶는다.
② 압력솥의 추가 흔들리면 5분 뒤에 불을 끄고 김이 빠지고
나면 그 물까지 준비한다.
③ 흑임자는 마른 팬에 볶아 수분을 없앤다.
④ 한 번 볶은 흑임자를 분쇄기에 넣고 곱게 간다.
⑤ 믹서에 ②와 간 흑임자를 넣고 분량의 물을 부어
곱게 간다.

TIP 샐러드에는 부드러운 잎이 제격
생시금치를 그대로 샐러드로 먹을 때는
가능한 한 어린잎을 사용하세요. 한입
크기의 작은 잎들이 먹기에도 좋고 식감도
질기지 않아요.

TIP 흑임자는 요리 직전에 볶아야
흑임자의 영양분을 100% 섭취하고
싶다면 요리하기 직전에 마른 팬에 볶아서
사용하세요. 특히 가루를 내야 할 때는
수분을 확실히 없애줘야 해요.

menu **4**
두유

menu **1**
현미브로콜리죽

menu **3**
양상추샐러드

menu **2**
버섯우엉주먹밥

봄

수요일

현미브로콜리죽과 두유 밥상

현미브로콜리죽 + 버섯우엉주먹밥 + 양상추샐러드 + 두유 + 찐 단호박 + 피스타치오

새싹 가득한 봄날의 아침 식사는 왕의 식탁 못지않습니다. 브로콜리,
양상추, 양파 등 채소가 가득한 자연식 밥상은 언제나 싱그럽지요.
잎채소부터 열매채소, 뿌리채소 등 식탁에 올릴 메뉴도 다양하답니다.
여기에 영양식 두유와 견과류, 제철 과일을 더하면 영양은 물론
식이섬유까지 충분히 섭취할 수 있는 봄날의 만찬이 된답니다.

브로콜리
녹색 꽃양배추라 불리는 브로콜리는
죽은 물론 샐러드, 수프 등 여러 음식에
사용하기 좋은 식재료입니다. 비타민
C는 레몬의 2배, 칼슘은 시금치의 4배를
함유한 채소로 대표적인 항암 식품이지요.
브로콜리에 양파를 더해 요리하면 항암
작용을 더욱 높일 수 있어요.

Menu 1 현미브로콜리죽

[재료] 브로콜리 1/3개(약 70g), 현미 30g, 물 3컵

·······································

[만드는 법]
① 현미는 4시간 정도 불렸다가 쌀알이 반 정도 남도록 절구에 찧거나 분쇄기에 간다.
② 브로콜리는 송이를 잘라 잘게 다진다.
③ 냄비에 불려 간 현미와 분량의 물을 붓고 센 불에서 끓인다.
④ ③이 끓어오르면 나무 주걱으로 저어가며 쌀알이 푹 퍼질 때까지 뭉근히 끓인다.
⑤ 다진 브로콜리를 맨 마지막에 넣고 한 번 끓여낸다.

Menu 2 버섯우엉주먹밥

[재료] 현미밥 1공기, 표고버섯 4개(100g), 우엉 50g
[주먹밥 양념] 채소국물 1/4컵, 조청 2큰술, 가루간장 1/3큰술

·······································

[만드는 법]
① 표고버섯은 밑동을 제거해 얇게 썰고 우엉은 껍질을 벗기고 얇게 채 썰어 다진다.
② 냄비에 채소국물과 조청, 가루간장을 넣고 잘 섞는다.
③ ②에 다진 표고버섯과 우엉을 넣고 중불에서 국물이 졸아들 때까지 끓여 식힌다.
④ 볼에 현미밥을 담고 ③을 부어 주걱으로 섞은 뒤 먹기 좋은 크기로 주먹밥을 만든다.

TIP 죽을 끓일 때는 나무 주걱을 사용
죽은 반드시 나무 주걱으로 저어가며 끓여주세요. 나무 주걱은 음식이 갑자기 끓어오르는 걸 방지해 죽을 끓일 때 유용해요.

TIP 재료는 양념에 먼저 조렸다가 사용
주먹밥에 넣을 재료들은 잘게 다진 뒤 양념 소스에 넣어 한 번 끓였다가 식혀 현미밥에 섞어야 모양이 흐트러지지 않고 간도 잘 배어요.

Menu 3　양상추샐러드

[재료] 양상추 1/2줌(40g), 양파 30g, 적채 10g

[토마토 소스] 토마토 1/3개(약 70g), 캐슈너트 10g, 매실액 2큰술, 레몬즙 1작은술, 꿀 1/4작은술, 소금 약간

[만드는 법]
① 양상추는 먹기 좋은 크기로 손으로 뜯고 적채는 얇게 채 썬다.
② 양파는 사각 모양으로 썰어 찬물에 담가 매운맛을 뺀다.
③ 토마토와 분량의 재료들을 믹서에 넣고 갈아 토마토 소스를 만든다.
④ 채소들을 보기 좋게 담은 후 토마토 소스를 뿌린다.

Menu 4　두유

[재료] 대두 50g, 물 1과 1/2컵

[만드는 법]
① 대두는 깨끗이 씻어 일어서 압력솥에 3배의 물을 붓고 삶는다.
② 압력솥의 추가 흔들리면 5분 뒤에 불을 끄고 김이 빠지고 나면 그 물까지 준비한다.
③ 한 김 식으면 ②를 믹서에 넣고 분량의 물을 부어 곱게 간다.
④ 식성에 따라 소금으로 간한다.

TIP 샐러드용 양파는 물에 담갔다 사용
양파를 생으로 먹을 요량이라면 반드시 찬물에 담가 매운맛을 뺀 뒤에 사용하세요. 위가 불편한 사람에게 생양파는 자극적일 수 있어요.

TIP 대두는 압력솥에 삶아야 맛이 좋아
대두는 전날 밤부터 물에 불리기보다 생콩으로 압력솥에 삶아내야 맛과 영양 섭취에 두루두루 좋아요. 대두를 물에 오래 불리면 콩이 싱거워지고 영양분도 빠지기 십상입니다.

menu **4**
토마토두유

menu **3**
꿀감자샐러드

menu **1**
마죽

menu **2**
매실장아찌주먹밥

봄

목요일

마죽과 토마토두유 밥상

마죽 + 매실장아찌주먹밥 + 꿀감자샐러드 + 토마토두유 + 호두 + 찐 방울토마토

생으로 즐기기 좋은 마와 토마토는 '위'를 보호함은 물론 식감도 비슷해
여러모로 찰떡궁합의 식재료입니다. 최대한 생으로 즐기는 게 좋지만
굽거나 쪄서 먹어도 좋습니다. 마의 점액질 성분인 뮤신은 소화기관 기능
향상에, 토마토의 핵심 성분인 리코펜은 활성산소 억제에 힘써 노화와
질병을 예방해줍니다.

마

마는 한방에서 산삼의 효능에 비견될
정도로 약효가 뛰어나 '산약'이라고도
불리지요. 소화불량이나 위장 장애,
당뇨병, 기침, 폐 질환 등에 효과가 있고
특히 신장 기능을 튼튼하게 해 원기가
쇠약한 사람에게 좋아요.

Menu 1 마죽

[재료] 마 100g, 현미 30g, 물 3컵

[만드는 법]
① 현미는 4시간 정도 불렸다가 쌀알이 반 정도 남도록 절구에 찧거나 분쇄기에 간다.
② 마는 주방장갑을 끼고 필러로 껍질을 벗긴 뒤 사방 1cm 크기로 깍둑 썬다.
③ 냄비에 불려서 갈아놓은 현미와 깍둑 썬 마를 넣고 분량의 물을 부어 센 불에서 끓인다.
④ 한소끔 끓어오르면 불을 줄여 쌀알이 퍼지도록 뭉근히 끓인다.

Menu 2 매실장아찌주먹밥

[재료] 현미밥 1공기, 파프리카 1개(200g)
[주먹밥 양념] 매실장아찌 20g, 깨소금 · 아마씨유 1작은술씩

[만드는 법]
① 파프리카는 꼭지를 예쁘게 살려 반으로 잘라 씨를 파낸다.
② 매실장아찌는 국물을 꼭 짜고 송송 썬다.
③ 현미밥에 송송 썬 매실장아찌와 깨소금, 아마씨유를 넣고 고루 버무린다.
④ 반으로 잘라 준비한 파프리카에 ③을 꼭꼭 눌러 담는다.

TIP 마는 깍둑 썰어 넣어 식감 높이기
마죽을 끓일 때 마는 강판이나 분쇄기에 곱게 갈기보다는 작게 깍둑썰기를 해 넣으면 색다른 식감을 즐길 수 있어요.

TIP 파프리카를 그릇으로 사용
파인애플이나 파프리카처럼 모양이 잘 잡힌 채소나 과일은 접시 대용으로 사용하기 좋아요. 주먹밥을 먹은 뒤 아삭한 파프리카도 맛보세요.

Menu 3　꿀감자샐러드

[재료] 감자 1개(150g), 아몬드 10알, 꿀 1큰술,
소금 · 파슬리가루 약간씩

[만드는 법]
① 감자는 껍질을 벗겨 4등분한 다음 두꺼운 냄비에
약 10~15분간 삶는다.
② 삶은 감자는 뜨거울 때 으깨 꿀과 소금, 파슬리가루를 넣고
버무린다.
③ 버무린 감자는 한 김 식혀 한입크기로 빚는다.
④ 빚은 감자 위에 아몬드를 하나씩 꽂아 담는다.

Menu 4　토마토두유

[재료] 토마토 2/3개(약 140g), 대두 50g, 물 1컵

[만드는 법]
① 대두는 깨끗이 씻어 압력솥에 3배의 물을 붓고 삶는다.
② 압력솥의 추가 흔들리면 5분 뒤에 불을 끄고 김이 빠지고
나면 그 물까지 준비한다.
③ 토마토는 꼭지 부분에 십자로 칼집을 내고 뜨거운 물에 살짝
데친 후 껍질을 벗긴다.
④ 믹서에 ②와 껍질 벗긴 데친 토마토를 넣고 분량의 물을 부어
곱게 간다.

TIP 으깬 감자는 한 김 식혀 모양 잡기
삶은 감자는 뜨거울 때 으깨 간을 해야
고루 잘 섞여요. 이후 한 김 식힌 뒤 한입
크기로 모양을 잡아야 흩어지지 않고
잘 뭉친답니다.

TIP 토마토는 익히면 영양 흡수 높여
몇몇 채소는 생으로 먹기보다 살짝
데치거나 익혀 먹어야 영양 흡수가
높아집니다. 토마토의 리코펜 성분도 익혀
먹을 때 소화 흡수가 더 잘 되지요. 마늘,
가지, 당근도 익혀 먹을수록 좋답니다.

45

menu **2**
쑥떡

menu **3**
콩샐러드

menu **1**
양송이버섯수프

menu **4**
쑥두유

봄

금요일

양송이버섯수프와 쑥두유 밥상

양송이버섯수프 + 쑥떡 + 콩샐러드 + 쑥두유 + 말린 고구마 + 캐슈너트 + 딸기

봄 향기 가득한 쑥으로 차린 아침 밥상입니다. 봄의 정기를 받고 자란 쑥은
여자 몸에 좋기로 유명하지요. 약재로도 쓰이는 쑥은 몸을 따뜻하게 해
아침에 먹으면 더욱 좋답니다. 산과 들에 막 돋아난 여린 잎을 골라 뜯어
죽부터 밥, 떡, 튀김, 두유 등으로 만들어 밥상에 올려보아요. 입안에 향긋한
봄의 향기가 온종일 머문답니다.

쑥

'7년 된 병을 3년 묵은 쑥을 먹고
고쳤다'는 속담이 있습니다. 쑥은
다방면에 효능을 보이는데, 무엇보다
피를 맑게 하는 데 뛰어나지요.
그 밖에 살균이나 소염, 진통 억제에도
도움이 됩니다. 자궁을 따뜻하게 해
여성에게 특히 좋은 식재료예요.

Menu 1 양송이버섯수프

[재료] 양파 1/3개(약 70g), 양송이버섯 3개(60g), 현미가루 60g,
캐슈너트가루 20g, 채소국물 3컵, 포도씨유 1큰술, 가루간장 1/4작은술

[만드는 법]
① 양파와 양송이버섯은 잘게 다진다.
② 냄비에 포도씨유를 살짝 두르고 다진 양파와 다진
양송이버섯을 넣어 볶는다.
③ 채소가 숨이 죽으면 현미가루와 채소국물을 부어 끓인다.
④ 한소끔 끓어오르면 캐슈너트가루와 가루간장을 넣고
마무리한다.

Menu 2 쑥떡

[재료] 어린 쑥 2줌(50g), 불려 가루 낸 현미가루 또는
현미찹쌀가루 60g

[만드는 법]
① 어린 쑥은 적당한 크기로 썬다. 냉동 쑥이라면 해동 후 먹기
좋게 자른다.
② 현미가루는 3번 정도 체에 내려 고운 가루를 받는다.
③ 쑥과 체에 내린 현미가루를 고루 잘 섞는다.
④ 김 오른 찜기에 내용물을 넣고 푹 찐다. 젓가락이 들어가면
불을 끄고 푹 뜸을 들여 완성한 뒤 먹기 좋은 크기로 자른다.

TIP 다진 양파와 양송이 먼저 볶기
버터와 생크림을 쓰지 않고 만드는
자연식 크림수프입니다. 다진 양파와
양송이버섯을 볶다가 채소국물과 현미가루,
캐슈너트가루를 더하면 느끼하지 않고
고소한 자연식 수프가 완성되지요.

TIP 남은 쑥은 데쳐 찬물에 헹궈 냉동 보관
조리 후 쑥이 남았다면 버리지 말고, 살짝
데쳐 찬물에 헹군 뒤 한 번씩 먹을 분량대로
묶어 냉동 보관을 해두세요. 한겨울에도
쑥을 즐길 수 있어요.

Menu 3 콩샐러드

[재료] 완두콩 40g, 렌틸콩 · 검은콩 20g씩
[마요네즈 소스] 캐슈너트 100g, 양파 25g, 물 1/4컵, 꿀 5큰술,
올리브유 4큰술, 레몬즙 3큰술, 구운 소금 1/2큰술, 다진 마늘 1작은술

[만드는 법]
① 끓는 물에 소금을 약간 넣고 각각의 콩을 푹 삶아 익힌 뒤
체에 밭쳐 물기를 제거해 한 김 식힌다.
② 믹서에 마요네즈 소스 재료 중 올리브유를 제외한 나머지
재료를 모두 넣고 간다.
③ ②에 올리브유를 넣어 부드러운 상태가 될 때까지 한 번
더 곱게 간다.
④ 마요네즈 소스를 먹기 직전에 삶은 콩과 버무려낸다.

Menu 4 쑥두유

[재료] 쑥 1줌(25g), 대두 50g, 물 1과 1/2컵

[만드는 법]
① 대두는 깨끗이 씻어 일어서 압력솥에 3배의 물을 붓고
삶는다.
② 압력솥의 추가 흔들리면 5분 뒤에 불을 끄고 김이 빠지고
나면 그 물까지 준비한다.
③ 쑥은 깨끗이 씻어 물기를 빼고 살짝 데친다.
④ 믹서에 ②와 데친 쑥을 넣고 분량의 물을 부어 곱게 갈아
체에 걸러 담는다.

TIP 콩에 따라 익히는 시간도 제각기
콩마다 익는 시간이 달라 삶을 때 주의해야
해요. 완두콩은 10분, 렌틸콩과 검은콩은
15분이 적당하지요. 만약 말린 콩을
사용한다면 하룻밤 물에 담가 충분히 불린
뒤에 삶으세요.

TIP 어린 쑥은 생으로, 질긴 것은 데쳐 사용
어린 생쑥을 이용하면 향도 진하고
색도 고와 신선함이 배가되지요. 하지만
잎이 억세다면 데쳐 사용하세요. 데치면
줄기까지 모두 먹기 좋아요.

menu **3**

단호박구이

menu **1**

감자수프

menu **2**

시금치커리와 공갈빵

menu **4**

딸기두유

봄

토요일

감자수프와 딸기두유 밥상

감자수프 + 시금치커리와 공갈빵 + 단호박구이 + 딸기두유 + 피스타치오 + 참다래

주말이 시작되는 토요일 아침에는 카페의 브런치처럼 아침 밥상을
차려보세요. 통밀가루와 채소국물로 맛을 낸 감자수프와 직접 만든 커리,
제철을 맞은 달콤한 딸기를 넣은 두유가 봄날의 입맛을 더욱 돋우어줍니다.
감자, 시금치, 단호박, 딸기가 오늘의 주재료이지요. 철이 짧은 딸기는
제철에 양껏 먹어두세요.

딸기
비타민 C가 풍부해 '회춘 과일'로
불리는 과일입니다. 그러나
쉽게 무르고 보관하기 어려워
그때그때 조금씩 구해 먹는 것이
좋지요. 딸기가 남았다면 꼭지를
떼고 한 번에 먹을 분량씩 포장해
냉동해두고 드세요.

Menu 1 감자수프

[재료] 감자 1/2개(75g), 양파 25g, 채소국물 2와 1/2컵,
통밀가루 1큰술, 다진 캐슈너트 1작은술, 가루간장 1/4작은술,
파슬리가루 약간

[만드는 법]
① 감자와 양파는 적당한 크기로 썬다.
② 믹서에 썬 감자와 양파를 함께 넣고 간다.
③ 두꺼운 냄비에 기름 없이 통밀가루를 살짝 볶는다.
④ ③에 채소국물을 붓고 간 감자와 양파, 다진 캐슈너트를
넣어 끓인다.
⑤ 한소끔 끓어오르면 불을 약하게 줄이고 주걱으로 저어가며
은근히 끓인다.
⑥ 가루간장으로 간하고 완성되면 그릇에 담아 파슬리가루로
장식한다.

Menu 2 시금치커리와 공갈빵

[재료] 시금치 4줌(200g), 양파 1/4개(50g), 채소국물 1/4컵,
코코넛밀크 2큰술, 강황가루 1/2작은술, 다진 마늘·생강가루·계핏가루
1/2작은술씩, 소금·올리브유 약간씩, 월계수 잎 1장,
공갈빵 2장(58쪽 참조)

[만드는 법]
① 시금치는 끓는 물에 소금을 넣고 데쳐 물기를 꼭 짠다.
② ①의 시금치를 믹서에 넣어 되직하게 갈고, 양파는 다진다.
③ 달군 팬에 올리브유를 두르고 다진 양파와 다진 마늘을 넣어
양파가 부드러워지고 갈색 빛이 들 때까지 볶는다.
④ ③에 간 시금치를 넣어 함께 볶다가 채소국물을 붓고
강황가루와 생강가루, 계핏가루, 월계수 잎을 넣어 한소끔
끓인다.
⑤ 코코넛 밀크를 넣어 한소끔 더 끓인 후 소금 간을 해 그릇에
담는다. 밥이나 공갈빵에 곁들인다.

TIP 캐슈너트는 곱게 갈아 넣어야
캐슈너트를 넣어 만든 고소하면서도
부드러운 수프예요. 크림수프에 넣는
캐슈너트는 최대한 곱게 갈아야 크리미한
느낌을 낼 수 있어요. 우유를 넣은 수프보다
풍부하고 진한 맛이 일품이지요.

TIP 커리에 넣을 시금치는 데친 뒤 갈아야
시금치커리에 들어가는 시금치는 살짝 데쳐
곱게 갈아 사용하세요. 양념을 준비하기
어렵다면 외국 식재료점에서 판매하는
'가람 마살라'라는 혼합 향신료를 추천해요.
전통 인도 커리 맛에 가깝답니다.

Menu 3 단호박구이

[재료] 단호박 50g, 포도씨유 1작은술, 소금 · 파슬리가루 약간씩

[만드는 법]
① 단호박은 껍질을 벗기고 속을 파낸 후 반달 모양으로 두툼히
썰어 한입 크기로 자른다.
② 요리붓으로 단호박에 포도씨유를 얇게 바른다.
③ ② 위에 소금과 파슬리가루를 섞어 솔솔 뿌린다.
④ 180℃로 예열한 오븐에 15분간 굽는다.

Menu 4 딸기두유

[재료] 딸기 3~4개(60g), 대두 50g, 물 1과 1/2컵

[만드는 법]
① 대두는 깨끗이 씻어 일어서 압력솥에 3배의 물을 붓고
삶는다.
② 압력솥의 추가 흔들리면 5분 뒤에 불을 끄고 김이 빠지고
나면 그 물까지 준비한다.
③ 딸기는 꼭지를 떼고 흐르는 물에 깨끗이 씻는다.
④ 믹서에 ②와 딸기를 넣고 분량의 물을 부어 곱게 간다.

TIP 단호박 껍질은 반대 방향으로 밀기
단호박은 전자레인지에 1~2분 돌리면
칼집이 잘 들어가지요. 감자칼로 단호박의
껍질을 벗길 요량이라면 칼날의 방향이
껍질과 수직이 되도록 잡고 벗기면 한결
수월해집니다.

TIP 딸기는 먹기 직전에 갈아 넣기
과일을 넣은 두유를 만들 때는 대두부터
먼저 삶으세요. 과일은 마시기 직전에 삶은
대두와 함께 갈아내는 게 영양소 섭취에
보다 효과적이에요.

menu **2**
마늘빵

menu **4**
금귤두유

menu **3**
애호박가지샐러드

menu **1**
녹두죽

봄

일요일

녹두죽과 금귤두유 밥상

녹두죽 + 마늘빵 + 애호박가지샐러드 + 금귤두유 + 호두 + 말린 참다래

슬슬 한낮의 온도가 높아질 즈음엔 체온을 낮춰주는 음식으로 몸을
보호하세요. 녹두야말로 이맘때 꼭 필요한 재료이지요. 제철을 맞은
애호박과 가지, 구운 마늘향이 가득한 마늘빵, 그리고 향긋한 금귤두유가
더해진 식단이 새로운 한 주를 위한 에너지를 비축해줍니다.

녹두
옛말에 100가지 독을 풀어준다는
녹두. 그만큼 해독 작용이 뛰어나
몸속 노폐물과 독소를 제거해
건강에 이롭습니다. 녹두죽은
담백하게 녹두를 즐기는 방법으로,
기운이 없거나 체력 보충이 필요할
때 권하는 메뉴입니다.

Menu 1 녹두죽

[재료] 녹두·현미 30g씩, 물 4컵

[만드는 법]
① 현미는 4시간 정도 불렸다가 쌀알이 반 정도 남도록 절구에 찧거나 분쇄기에 간다.
② 녹두는 깨끗이 씻어 물 2컵을 붓고 푹 삶아 식힌다.
③ 한 김 식힌 삶은 녹두를 믹서에 넣어 곱게 간다.
④ 냄비에 미리 불려 갈아놓은 현미와 곱게 간 녹두를 넣고 남은 물 2컵을 부어 끓인다.
⑤ 한소끔 끓어오르면 불을 줄여 쌀알이 퍼지도록 뭉근히 끓인다. 식성에 따라 소금으로 간한다.

Menu 2 마늘빵

[재료] 통밀식빵 2장
[마늘 소스] 마늘 16쪽, 올리브유 4큰술, 꿀 1큰술,
소금·파슬리가루 약간씩

[만드는 법]
① 마늘은 껍질을 벗기고 칼날로 잘게 다져 준비한다.
② 다진 마늘에 올리브유, 꿀, 소금, 파슬리가루를 넣고 고루 섞는다.
③ 통밀식빵 한쪽에 ②의 마늘 소스를 듬뿍 올린다.
④ 180℃로 예열한 오븐에 10분 정도 바삭하게 굽는다.

TIP 녹두는 껍질째 삶기
잡곡은 되도록 껍질까지 조리해 먹는 것이 좋습니다. 인체에 유익한 섬유질과 다양한 색소들이 껍질에 집중되어 있기 때문이지요. 껍질의 거친 식감은 믹서에 곱게 갈면 대부분 사라져요.

TIP 올리브유 대신 마요네즈로 대체 가능
마늘빵 소스에는 올리브유 대신 자연식 마요네즈를 써도 되는데, 마늘빵에 사용되는 마요네즈는 정량보다 올리브유를 1큰술 추가해 만드세요.

Menu 3 애호박가지샐러드

[재료] 현미 1컵, 애호박 1/2개(135g), 가지 1/2개(70g), 양파
1/5개(40g), 홍피망 1/3개(30g), 소금 · 후춧가루 · 포도씨유 약간씩
[초간장 소스] 물 4큰술, 레몬즙 2큰술, 가루간장 · 진간장 1작은술씩,
아마씨유 · 깨소금 · 송송 썬 실파 약간씩

[만드는 법]
① 현미는 한나절 물에 불렸다가 밥을 짓고 식으면 소금과
후춧가루로 간한다.
② 애호박과 가지는 둥근 모양대로 1.5cm 폭으로 잘라
씨 부분을 도려낸다.
③ 양파와 홍피망은 다져 포도씨유를 두른 팬에 넣고 달달
볶다가 간한 현미밥을 넣어 한 번 더 볶는다.
④ 속을 뺀 애호박과 가지에 준비한 ③의 볶음밥을 넣어 속을
채운 뒤 김 오른 찜기에 넣어 찐다.
⑤ 볼에 초간장 소스 재료를 넣고 섞어 샐러드에 곁들인다.

Menu 4 금귤두유

[재료] 금귤 6~7개(60g), 대두 50g, 물 1컵

[만드는 법]
① 대두는 깨끗이 씻어 일어서 압력솥에 3배의 물을 붓고
삶는다.
② 압력솥의 추가 흔들리면 5분 뒤에 불을 끄고 김이 빠지고
나면 그 물까지 준비한다.
③ 금귤은 반 갈라 양쪽의 씨를 뺀다.
④ 믹서에 ②와 금귤을 넣고 분량의 물을 부어 곱게 간다.

TIP 애호박과 가지는 한쪽 면만 도려내기
애호박과 가지는 숟가락으로 속을
빼내는데, 이때 한쪽 면만 도려내야
볶음밥이 새지 않아요. 볶음밥을 수북이
올려 쪄내세요.

TIP 금귤 씨앗은 젓가락으로 빼기
두유에 넣을 금귤은 씨앗을 제거해야
쓴맛이 없지요. 금귤을 반 가른 뒤
젓가락으로 빼면 손쉽게 씨를 제거할 수
있어요.

공갈빵 만들기

겉은 크지만 속은 텅 비어 있어
'공갈빵'이라 불리는 중국식
호떡입니다. 원래는 화덕에서
구워내지만 집에서도 오븐만
있으면 손쉽게 만들 수 있지요.
공갈빵은 인도 요리의 난처럼
식사 시 각종 소스와 곁들여
먹기 좋아요. 아이들과 함께
즐길 요량이라면 호떡처럼
속에 마스코바도나 시나몬
가루를 뿌리면 간식처럼 즐기기
좋답니다.

공갈빵

[재료] 통밀가루 100g, 물 1/4컵, 마스코바도·덧밀가루·소금 약간씩

[만드는 법]
① 통밀가루와 물, 소금을 섞어 반죽한 뒤 랩을 씌워 1시간
숙성시킨다.
② 반죽이 숙성되면 공기를 빼고 다시 치대 작은 도넛 모양으로
동글게 빚는다.
③ 도마에 덧밀가루를 뿌리고 밀대로 ②의 반죽을 얇게 민다.
④ 반죽 위에 솔솔 마스코바도를 뿌린 뒤 반달 모양이 되도록
반으로 접어 터지지 않도록 가장자리를 꾹꾹 누른다.
⑤ 완성된 ④의 반죽 중앙에 칼로 십자 모양을 내어 공기를 뺀다.
⑥ 180℃로 예열한 오븐에서 10~15분간 구워낸다.

menu 3
오이피클

menu
검은콩죽 1

menu
파인애플볶음밥 2

menu
바나나두유 4

여름

월요일

검은콩죽과 바나나두유 밥상

검은콩죽 + 파인애플볶음밥 + 오이피클 + 바나나두유 + 비트구이 + 아몬드 + 참외

더위에 쉽게 지치고, 자주 갈증을 느끼는 여름에는 아침 식사를 더욱 든든하게
챙겨야 합니다. 아침 필수 메뉴인 죽을 비롯해 밥, 빵, 떡 등의 탄수화물 메뉴와
두유 등을 고루 먹어 에너지를 보강해야 하지요. 수분 섭취를 돕는 여름 과일도
잊지 말고 밥상에 올리세요. 파인애플, 멜론, 수박, 복숭아, 자두 등 여름은
비타민과 무기질의 보고인 과일 천국입니다.

검은콩
검은콩의 안토시아닌 색소는 항암
작용에 뛰어납니다. 체내의 독을
풀어줌은 물론 이뇨 작용을 도와 부기를
가라앉히는 효과도 있지요. 주성분 중
41.4%가 단백질이며, 라이신이 풍부해
특히 어린이 발육에 도움이 됩니다. 겉은
검지만 속은 노랗지요.

Menu 1 검은콩죽

[재료] 검은콩 20g, 현미 30g, 물 1과 1/2컵

[만드는 법]
① 현미는 4시간 정도 불렸다가 쌀알이 반 정도 남도록 절구에 찧거나 분쇄기에 간다.
② 검은콩은 전날 저녁 충분한 양의 물에 불려두었다가 같은 양의 물을 붓고 푹 삶는다.
③ 삶은 검은콩은 믹서에 넣어 곱게 간다.
④ 냄비에 미리 불려 갈아놓은 현미와 간 검은콩을 넣고 분량의 물을 부어 죽을 쑨다.
⑤ 한소끔 끓어오르면 불을 줄여 쌀알이 퍼지도록 뭉근히 끓인다.

Menu 2 파인애플볶음밥

[재료] 현미밥 1공기, 파인애플 100g, 양파 1/5개(40g), 홍피망·청피망 1/3개(30g)씩, 표고버섯 1개(25g), 가루간장 1작은술, 포도씨유 약간

[만드는 법]
① 파인애플은 반으로 잘라 가장자리에 칼집을 내 과육 부분을 숟가락으로 파낸다. 파인애플 과육은 100g만 따로 준비한다.
② 파인애플 과육과 양파, 홍피망, 청피망, 표고버섯을 각각 잘게 깍둑 썬다.
③ 팬에 포도씨유를 두르고 파인애플을 제외한 ②의 채소와 현미밥을 넣고 가루간장을 더해 볶는다.
④ 볶은 현미채소볶음밥에 썰어둔 파인애플을 넣어 섞은 뒤, 내용물을 파낸 파인애플을 밥그릇 삼아 넣는다.

TIP 푹 삶은 콩을 갈아서 사용
콩은 푹 익혀야 소화가 잘 됩니다. 생콩이나 덜 익은 콩은 설사와 소화 장애를 유발하므로, 콩죽을 만들 때는 콩을 따로 미리 삶아 푹 익혔다가 갈아 사용합니다.

TIP 밥그릇 대신 파인애플 통 이용
파인애플 속을 파낼 때는 가장자리에 칼집을 낸 후 과도와 숟가락으로 과육을 통째로 파내세요. 밀폐 용기에 보관하면 나중에 과육을 활용하기 좋아요.

Menu 3 오이피클

[재료] 오이 1개(200g), 홍고추 2개, 물 1과 1/2컵, 소금 1/2큰술

[만드는 법]
① 오이는 굵은 소금으로 겉면을 문지른 뒤 물로 씻는다.
② 홍고추는 어슷하게 썬다.
③ 냄비에 물과 소금을 넣고 한소끔 끓인다.
④ 밀폐 용기에 오이와 홍고추를 담고 ③의 물을 부어 이틀간 냉장고에서 숙성시킨다. 오이는 먹을 때 적당한 크기로 썰어 담는다.

Menu 4 바나나두유

[재료] 바나나 1과 1/2개(120g), 대두 50g, 물 1과 1/2컵

[만드는 법]
① 대두는 깨끗이 씻어 일어서 압력솥에 3배의 물을 붓고 삶는다.
② 압력솥의 추가 흔들리면 5분 뒤에 불을 끄고 김이 빠지고 나면 그 물까지 준비한다.
③ 바나나는 껍질을 벗기고 적당한 크기로 자른다.
④ 믹서에 ②와 바나나를 넣고 물을 부어 곱게 간다.

TIP 장아찌용 오이는 꼼꼼히 세척
여름철 별미인 오이장아찌를 만들 때는 소금으로 오이 겉면을 박박 문질러 씻어주세요. 팔팔 끓는 뜨거운 물을 바로 부어야 오이의 아삭함이 오래도록 유지된답니다.

TIP 바나나는 마시기 직전에 갈기
바나나는 미리 갈아두면 금세 색이 바뀌므로, 먹기 직전에 삶은 대두와 갈아 먹는 게 좋습니다. 바나나 꼭지를 랩으로 감싸두면 바나나 껍질의 변색을 지연시킬 수 있어요.

menu **3**
튀긴 사과샐러드

menu **4**
인삼두유

menu **1**
파프리카죽

menu **2**
양배추롤

여름

화요일

파프리카죽과 인삼두유 밥상

파프리카죽 + 양배추롤 + 튀긴 사과샐러드 + 인삼두유 + 캐슈너트 + 석류

자연식 관점에서 보면, 자연 그대로의 먹을거리를 싱싱할 때 생으로
먹는 것이 가장 몸에 좋습니다. 하지만 모든 음식을 생으로만 먹을 수는
없겠지요. 무엇보다 '맛있게 먹는 일'도 중요하니까요. 자연식 밥상은
찌고, 삶고, 데치기는 기본이고 가끔 튀김 요리도 등장합니다. 특히 과일을
튀기면 색다른 식감이 일품이지요. 영양적으로도 우수하답니다.

파프리카
매운맛 대신 단맛이 강해 샐러드 등에
넣어 생으로 먹기 좋은 채소이지요.
다른 채소들에 비해 칼로리가
낮은 반면 비타민 A와 C 등의 성분
함량이 높습니다. 특히 비타민 A는
지용성이라 기름과 볶으면 영양의
흡수를 보다 늘릴 수 있습니다.

Menu 1 파프리카죽

[재료] 파프리카 1/4개(50g), 현미 30g, 물 3컵

[만드는 법]
① 현미는 4시간 정도 불렸다가 쌀알이 반 정도 남도록 절구에 찧거나 분쇄기에 간다.
② 파프리카는 씨와 꼭지를 제거하고 잘게 다진다.
③ 냄비에 불려 간 현미를 넣고 물을 부어 센 불에 끓인다.
④ 한소끔 끓어오르면 약한 불로 줄여 뭉근히 현미죽을 끓인다.
⑤ 죽이 완성되면 다진 파프리카를 넣어 한 번 휘저어준 다음 불에서 내린다.

Menu 2 양배추롤

[재료] 양배추 5~6장(150g), 두부 50g, 배추김치 30g, 숙주·부추 1/2줌(25g)씩, 다진 마늘·가루간장 1작은술씩, 후춧가루 약간

[만드는 법]
① 양배추는 굵은 심 부분을 도려낸 뒤 김 오른 찜기에서 15분간 부드럽게 쪄 한 김 식힌다.
② 두부는 끓는 물에 살짝 데치고 숙주는 데쳐 물기를 짠 뒤 잘게 다진다.
③ 배추김치는 물로 헹궈 물기를 꼭 짜 잘게 썬다. 부추는 약간만 잘게 다지고 나머지는 줄기째 끓는 물에 살짝 데친다.
④ 볼에 배추김치와 다진 숙주와 부추를 담고 데친 두부를 넣어 으깨 섞는다. 다진 마늘과 가루간장, 후춧가루로 간한다.
⑤ 삶은 양배추 한 장 위에 소를 적당히 올리고 돌돌 말아 싼다. 데친 부추로 예쁘게 묶어 그릇에 담는다.

TIP **파프리카는 마지막에 넣어야**
파프리카는 색이 곱고 생으로도 먹는 채소이므로 너무 익히지 않는 게 좋아요. 마지막에 넣어 살짝 익히면 파프리카 색과 향이 살아 더욱 입맛을 돋우어줍니다.

TIP **양배추 물기는 싹 없애야**
삶은 양배추는 물기를 탈탈 털어 사용해야 소가 겉돌지 않고 예쁘게 말리지요. 양배추는 상한 위 점막 회복에 특효가 있는데, 특히 수술 후 회복기 환자에게 좋습니다.

Menu 3 튀긴 사과샐러드

[재료] 사과 1개(200g), 치커리 3~4장(20g), 애플민트 약간
[튀김옷] 통밀가루 · 전분 3큰술씩, 계핏가루 조금, 튀김용 기름 적당량
[레몬사과 소스] 사과 40g, 아가베 시럽 2큰술, 레몬즙 1큰술

[만드는 법]
① 튀김용 사과는 홈을 파서 웨지 모양으로 껍질째 자른다.
② 볼에 통밀가루와 전분을 섞어 사과에 고루 묻힌다.
③ 기름을 끓인 팬에 ②의 사과를 넣어 노릇해질 때까지 튀긴다.
④ 소스용 사과는 껍질을 깎은 뒤 잘게 다져 레몬즙과 섞는다.
이후 아가베 시럽을 넣고 한 번 더 섞는다.
⑤ 치커리는 2~3cm 길이로 썰어 튀긴 사과와 함께 담고 소스를
뿌린 뒤 애플민트를 얹는다.

Menu 4 인삼두유

[재료] 인삼 20g, 대두 50g, 물 1과 1/2컵

[만드는 법]
① 대두는 깨끗이 씻어 일어서 압력솥에 3배의 물을 붓고
삶는다.
② 압력솥의 추가 흔들리면 5분 뒤에 불을 끄고 김이 빠지고
나면 그 물까지 준비한다.
③ 인삼은 깨끗이 씻어 적당한 크기로 자른다.
④ 믹서에 ②와 인삼을 넣고 분량의 물을 부어 곱게 간다.

TIP 사과는 익히면 단맛이 강해져
평소 사과를 좋아하지 않는다면 굽거나
튀김 요리로 즐겨보세요. 사과를 익히면
영양분 흡수가 빨라지고 단맛도 강해져
먹기 더욱 좋지요. 사과를 푹 익도록
쪄 먹는 것도 좋아요.

TIP 인삼을 토핑처럼 얹어도 좋아
인삼의 식감을 즐기고 싶다면 믹서에 가는
대신 잘게 썰어 두유에 섞어 먹어도 좋아요.
소화력이 약한 사람이라면 꼭꼭 씹어서
드시길 권합니다.

menu **4**
포도두유

menu **3**
현미찹쌀가래떡구이

menu **2**
깻잎쌈밥

menu **1**
콩죽

여름

수요일

콩죽과 포도두유 밥상

콩죽 + 깻잎쌈밥 + 현미찹쌀가래떡구이 + 포도두유 + 통감자구이 + 피스타치오 + 적포도

더위가 기승을 부려 소화 기능이 약해질 때는 콩과 쌀을 불려 갈아 만든
콩죽이 좋습니다. 대두는 오장을 보호하고 경락의 순환을 도와 장과 위를
따뜻하게 해주지요. 포도와 깻잎도 여름철 체력 회복과 빈혈에 좋은 제철
재료입니다. 냉동실에 얼려둔 현미찹쌀 가래떡을 함께 내어 간단한 여름
밥상을 준비해보세요.

깻잎
쌈과 장아찌로, 부각으로
다양하게 즐기기 좋은 여름
채소입니다. 향이 좋아 요리에
감초처럼 넣지요. 칼슘과 칼륨
등의 무기질이 풍부하며, 표면에
잔털이 많으므로 손질 시 신경
써서 세척해야 합니다.

69

Menu 1 콩죽

[재료] 대두 50g, 현미 30g, 물 3컵

[만드는 법]
① 대두는 전날 저녁 미리 충분한 물을 붓고 불려놓는다.
② 현미도 충분한 물에 4시간 정도 불려둔다.
③ 각각 불린 대두와 현미를 믹서에 함께 넣고 간다.
④ 냄비에 불려 간 대두와 현미를 넣고 분량의 물을 부어
센 불에 끓인다.
⑤ 한소끔 끓어오르면 불을 줄여 쌀알이 퍼지도록 뭉근히
끓인다.

Menu 2 깻잎쌈밥

[재료] 현미밥 2/3공기, 깻잎 10장, 깨소금 · 아마씨유 · 소금 약간씩

[만드는 법]
① 깻잎은 끓는 물에 소금을 살짝 넣고 데친다.
② 데친 깻잎을 찬물에 헹궈 차곡차곡 소쿠리에 건져 놓는다.
③ 현미밥은 깨소금과 아마씨유, 소금을 넣고 살짝 비벼
지름 3cm 크기로 동글게 빚는다.
④ 데친 깻잎 한 장에 동글게 빚은 현미밥을 올려 동그랗게
감싼다.

TIP 대두와 현미의 양은 약 2:1이 적당
콩죽을 끓일 때 대두와 현미의 양은 약 2:1
정도가 적당해요. 그래야 대두의 고소함이
느껴지지요. 동량으로 넣으면 오히려
현미죽 느낌이 나기 쉽답니다.

TIP 소금을 넣고 데치면 색감도 살아나
깻잎은 생으로 먹어도 좋지만, 쌈밥으로
이용할 때는 살짝 데쳐야 부드러워져
모양을 잡기 편하답니다. 데친 깻잎으로
쌈을 쌀 때는 깻잎의 거친 면에 밥을 올려
감싸야 모양이 예쁘게 나오지요.

Menu 3 현미찹쌀가래떡구이

[재료] 냉동 현미찹쌀 가래떡 1줄, 올리브유 1큰술

[만드는 법]
① 냉동실에 보관해둔 현미찹쌀 가래떡을 상온에 10분 이상
두어 녹인 뒤 적당한 크기로 자른다.
② 요리붓으로 가래떡에 올리브유를 살짝 바른다.
③ 180℃로 예열한 오븐에 올리브유를 바른 가래떡을 넣어
10분간 굽는다. 오븐이 번거롭다면 기름을 두르지 않은 팬에
굴려가며 구워도 맛있다.

Menu 4 포도두유

[재료] 포도 1/3송이(120g), 대두 50g, 물 1과 1/2컵

[만드는 법]
① 대두는 깨끗이 씻어 일어서 압력솥에 3배의 물을 붓고
삶는다.
② 압력솥의 추가 흔들리면 5분 뒤에 불을 끄고 김이 빠지고
나면 그 물까지 준비한다.
③ 포도는 깨끗이 씻어 알만 떼어내 반으로 자른다.
④ 믹서에 ②와 포도를 넣고 분량의 물을 부어 곱게 간다.

TIP 두고 먹기 좋은 현미찹쌀 가래떡
현미밥을 좋아하지 않는다면 현미찹쌀
가래떡을 권합니다. 떡집에 주문해
냉동실에 넣어두고 필요할 때마다 꺼내
찌거나 구워 먹으면 되지요. 단풍 시럽,
조청 등에 찍어 먹으면 더 맛있어요.

TIP 포도는 씨도 함께 갈아 사용
포도두유를 만들 때는 껍질은 물론이고
씨도 함께 갈아서 드세요. 거친 식감이
거슬린다면 씨만 제거하고, 암세포를
억제하는 라스베라트롤 성분이 많은
껍질은 꼭 함께 갈아 드세요.

menu **2**
월남쌈

menu **3**
모둠튀김

menu **4**
삶은 과일주스

menu **1**
감자캐슈너트죽

여름

목요일

감자캐슈너트죽과 삶은 과일주스 밥상

감자캐슈너트죽 + 월남쌈 + 모둠튀김 + 삶은 과일주스 + 아몬드 + 피스타치오

자연식 요리는 조리법이 복잡하지 않습니다. 생으로 먹는 걸 원칙으로 하고,
조리하더라도 그 과정을 최소화하기에 오히려 더 간단하지요. 가끔 별미가
생각날 때면 제철 재료로 부각을 만들거나 재료를 넣고 돌돌 말아 쌈을
만들어 먹어보세요. 새로운 식감에 여름철 지친 입맛도 되살아날 거예요.
과일을 통째로 삶아 거른 주스도 입맛 없을 때 챙겨 먹기 좋답니다.

감자
죽, 수프, 구이, 국, 조림으로
다양하게 즐기기 좋은 감자는 위를
보호해주는 고마운 식재료입니다.
저장성도 좋아 보관에 신경 쓰면 1년
내내 먹을 수 있지요. 종이봉투에
사과 한두 개와 함께 넣어두면 효소의
작용으로 싹이 트지 않는답니다.

Menu 1 감자캐슈너트죽

[재료] 감자 1/2개(75g), 캐슈너트 10g, 현미 30g, 현미찹쌀가루 20g,
채소국물 2컵, 소금·후춧가루·파슬리가루 적당량씩

....

[만드는 법]
① 현미는 물에 1시간 불리고 감자는 껍질을 벗겨 나박 썬다.
② 믹서에 캐슈너트와 채소국물 1/2컵을 넣고 곱게 간다.
③ 믹서에 불린 현미와 채소국물 1/2컵을 넣고 곱게 간다.
④ 냄비에 나박 썬 감자와 나머지 채소국물을 넣고 감자가 익을
때까지 끓인 뒤 ②와 ③을 붓는다.
⑤ 쌀알이 푹 퍼지면 현미찹쌀가루를 넣고 고루 저으면서
걸쭉해질 때까지 끓인다.
⑥ 죽이 어느 정도 점성이 생기면 소금, 후춧가루로 간한다.
그릇에 담고 파슬리가루를 뿌린다.

Menu 2 월남쌈

[재료] 라이스페이퍼 8장, 파인애플 40g, 빨강·노랑 파프리카
1/2개(100g)씩, 깻잎 3장, 유자청 건더기 10g, 적채 약간
[잣 소스] 잣 20g, 양파 10g, 마늘 1/2쪽, 물 1과 1/2큰술,
올리브유 1큰술, 레몬즙·꿀 1/2큰술씩, 소금 약간

....

[만드는 법]
① 소스용 양파는 채 썰어 잘게 다지고, 믹서에 잣과 마늘, 물,
레몬즙, 꿀, 소금을 넣어 간 뒤 올리브유를 넣고 한 번 더 간다.
② 파인애플도 얇게 채 썰고, 파프리카는 씨를 턴 뒤 얇게 썬다.
③ 깻잎은 반 자르고, 적채는 채 썬다. 유자청 건더기는 잘게
다진다.
④ 볼에 뜨거운 물을 담고 라이스페이퍼를 한 장씩 넣어
투명해지면 꺼내 물기를 제거하고 접시에 넓게 편다.
⑤ 라이스페이퍼에 깻잎을 깐 뒤 준비한 채소와 다진 유자청
건더기를 얹어 돌돌 말아 월남쌈을 만든다.
⑥ ①의 잘게 썬 양파와 소스를 섞어 곁들인다.

TIP 버터 대신 캐슈너트로 부드럽게
크림수프를 연상시키는 크리미한 질감과
고소한 맛이 가득해 양식이 그리울 때
먹기 좋은 요리예요. 감자는 뭉개지지
않도록 주의해 끓여야 건더기가 씹혀 맛이
더 좋답니다.

TIP 냉장고 속 채소와 과일 몽땅 활용
라이스페이퍼에 싸 먹는 재료는 생으로
먹을 수 있는 채소와 과일이라면 뭐든
가능하지요. 함께 넣는 유자청 건더기가
너무 달다면 겉에 붙은 청을 최대한 제거해
사용하세요.

Menu 3 모둠튀김

[재료] 단호박 1/4개(150g), 표고버섯 2개(50g), 더덕 2~3뿌리(50g),
포도씨유 적당량

[튀김옷] 통밀가루 1/2컵, 파슬리가루 1과 1/2큰술, 전분 1큰술,
소금 1/4작은술, 물 1컵

[만드는 법]

① 단호박은 반 잘라 속만 파내고 먹기 좋은 두께로 모양을
살려 썬다.

② 표고버섯은 기둥을 떼고 4등분한다.

③ 더덕은 껍질을 벗겨 방망이로 두드린 다음 길이로 2등분한다.

④ 볼에 분량의 재료를 섞어 튀김옷을 만든다.

⑤ 준비한 재료들을 튀김옷에 적셔 180℃로 달군 포도씨유에
넣어 노릇하게 튀긴다.

Menu 4 삶은 과일주스

[재료] 포도 주스(포도 2송이, 물 2와 1/2컵),
수박 주스(수박 1/4통, 물 5컵), 귤 주스(귤 20개, 물 2컵)

[만드는 법]

① 포도는 알맹이만 따고, 수박은 씨를 제거하고, 귤은 껍질을
벗긴다.

② 각각의 냄비에 ①을 각각 넣고 중불에서 잘 저어가며 1시간
푹 끓인다.

③ 각각 베보자기에 담고 짜 곱게 걸러 냉장고에 넣어 식힌다.
원하는 맛에 따라 각각 끓이거나 한데 끓여 먹는다.

TIP 채소별 익는 시간 각기 달라
튀김옷을 입힌 채소를 튀길 때는 단호박,
더덕, 표고버섯 순으로 넣어야 합니다.
채소마다 익는 시간이 다르기 때문이지요.
표고버섯은 겉만 바삭하게 살짝 튀겨내면
되어요.

TIP 따로, 또 같이 마셔도 좋은 맛
각종 과일을 한약 고듯 푹 삶아 식히면 천연
과일 주스가 되지요. 당도가 높아 적은 양을
먹어도 속이 든든해진답니다. 각각 끓여
먹어도 좋고, 한데 섞어 마셔도 좋아요.

menu **4**
단호박식혜

menu **3**
아보카도샐러드

menu **2**
단호박토스트

menu **1**
잣죽

여름

금요일

잣죽과 단호박식혜 밥상

잣죽 + 단호박토스트 + 아보카도샐러드 + 단호박식혜 + 통마늘구이 + 참외

아침부터 푹푹 찌는 여름날, 갓 딴 단호박으로 여름철 기력 보충에 나서보세요.
달콤한 단호박토스트로 속을 든든히 채우고, 시원한 단호박식혜 한 잔이면
더위까지 싹 날아가버릴 거예요. 구운 마늘로 여름철 기운을 보하고, 아삭한
참외 한 조각으로 밥상의 궁합을 맞춥니다.

단호박
단호박은 볶거나 조릴 때보다 찜기에
쪘을 때 당도가 가장 높아요.
푹 쪄서 먹거나 으깨서 샐러드나
수프를 만들어 먹으면 달콤한 맛이
배가되지요. 딱딱한 단호박은 껍질에
살짝 칼집을 주어 전자레인지에 2~3분
돌리면 손질하기 수월하답니다.

Menu 1 잣죽

[재료] 잣 15g, 현미 30g, 물 3컵

....

[만드는 법]
① 현미는 4시간 정도 불렸다가 쌀알이 반 정도 남도록 절구에
찧거나 분쇄기에 간다.
② 잣은 믹서에 넣고 물을 조금 첨가해 곱게 갈아둔다.
③ 냄비에 불려 간 현미와 분량의 물을 넣고 센 불에서 끓인다.
④ 한소끔 끓어오르면 불을 줄여 쌀알이 퍼지도록 뭉근히
끓인다.
⑤ 마지막에 갈아 둔 잣을 넣어 한 번 저어낸다. 식감을
원한다면 통잣을 더 올려도 좋다.

Menu 2 단호박토스트

[재료] 통밀식빵 2장, 단호박 1/4개(150g), 오이 1/4개(50g),
파프리카 · 브로콜리 30g씩, 양파 20g, 레몬즙 · 꿀 1큰술씩, 소금 약간
[소스] 캐슈너트 30g, 올리브유 2큰술, 다진 마늘 1작은술

....

[만드는 법]
① 단호박은 껍질을 벗기고 씨를 파낸 다음 찜통에 쪄서
주걱으로 으깨 식힌다. 오이와 양파는 적당히 다진다.
② 다진 오이와 양파는 레몬즙, 꿀, 소금에 20분간 절인 뒤
물기를 짜고 국물은 따로 담는다.
③ 파프리카는 작게 깍둑 썰고, 브로콜리는 끓는 물에 소금을
넣고 살짝 데쳐 잘게 썬다.
④ 믹서에 ②의 남은 국물과 캐슈너트, 올리브유, 다진 마늘을
넣고 갈아 소스를 만든다.
⑤ 소스에 단호박, 오이, 양파, 파프리카, 브로콜리를 넣고
잘 섞어 단호박 매시를 만든다.
⑥ 통밀식빵 한쪽에 단호박 매시를 듬뿍 바르고 180℃로
예열한 오븐에 15분간 노릇하게 굽는다.

TIP 잣을 고깔째 사용해야
잣을 손질할 때 고깔 부분은 그대로 두고
조리하세요. 잣의 영양소가 가장 많이
응축되어 있는 부분이 고깔입니다.

TIP 쪄낸 단호박은 한 김 식혀야
찜통에 찐 단호박은 꺼내서 한 김 식힌
뒤 으깨야 뭉개지지 않아요. 단호박을
찜통에 넣을 때 잘린 단면이 바닥에 닿도록
하는 것도 단호박을 무르지 않게 찌는
비결이지요.

Menu 3 아보카도샐러드

[재료] 아보카도 1개(200g), 빨강·노랑·주황 파프리카 1/3개
(약 70g)씩, 양파·토마토·오이 1/3개(약 70g)씩, 블랙올리브 5알
[소스] 레몬 1/2개, 올리브유·소금 약간씩, 파슬리가루 적당량

[만드는 법]
① 아보카도는 칼로 반 갈라 비틀어 씨를 빼낸 뒤, 껍질을 벗겨
잘게 깍둑 썬다.
② 양파는 채 썰어 찬물에 담그고, 파프리카와 토마토, 오이는
잘게 깍둑 썬다.
③ 블랙올리브는 슬라이스하고, 물에 담갔던 양파는 잘게 썬다.
④ 레몬은 즙을 내어 올리브유, 소금, 파슬리가루를 섞어
소스를 만든다.
⑤ 준비한 채소를 그릇에 담고 그 위에 소스를 뿌린다.

Menu 4 단호박식혜

[재료] 단호박 500g, 엿기름 100g, 밥 1/2공기, 물 7컵, 꿀 1/2컵,
소금 1/2작은술

[만드는 법]
① 볼에 엿기름과 물을 넣고 1시간 불린 뒤 엿기름을 주무른다.
② ①을 체에 한 번 거른 뒤 그대로 두어 앙금을 가라앉힌다.
윗물만 따르고 다시 한 번 베보자기에 거른다.
③ 전기밥솥에 밥과 ②를 넣고 보온 버튼을 눌러 5시간 삭힌다.
④ 단호박은 김 오른 찜기에서 10분간 푹 쪄 씨와 껍질을
제거한다.
⑤ 전기밥솥에서 밥알이 동동 뜨면 한 국자 떠 믹서에 넣고 찐
단호박을 넣어 곱게 간다.
⑥ ③을 냄비에 붓고 간 단호박을 넣어 꿀과 소금으로 간한다.
⑦ 밥알이 모두 동동 뜰 때까지 10~15분 끓인 후 차갑게 식혀
보관한다.

TIP 아보카도 씨는 칼로 제거
칼로 아보카도 꼭지부터 씨 주위를
돌려가며 반 자른 뒤, 양손으로 잡고
트위스트를 해주세요. 아보카도가 덜
익었다면 껍질째 랩에 싸서 전자레인지에
1분 정도 돌려주면 먹기 좋아요.

TIP 보관 기간 늘리려면 당분 높여야
만약 식혜를 좀 더 오랫동안 맛보고 싶다면
유기농 원당을 추가하세요. 식혜를 만들
때 쓰이는 엿기름에는 소화를 돕는 성분이
들어 있어 천연 소화제 역할을 해줍니다.

menu **3**
바나나롤

menu **2**
콩잎주먹밥

menu **1**
현미견과류죽

menu **4**
당근두유

여름

토요일

현미견과류죽과 당근두유 밥상

현미견과류죽 + 콩잎주먹밥 + 바나나롤 + 당근두유 + 콩 + 아보카도

견과류는 필수지방산이 풍부해 자연식을 하는 사람이 아니라도 꼬박꼬박
챙겨 먹는 것이 좋습니다. 매일 따로 챙기는 것이 번거롭다면 죽이나 두유,
떡, 빵 등에 넣어 드세요. 견과류의 고소한 맛이 더해짐은 물론 영양까지
챙길 수 있습니다. 콩잎장아찌에 밥을 싸거나, 현미식빵에 바나나를 돌돌
만 롤도 자연식을 간단하게 맛보는 방법이랍니다.

콩잎
들판에 흔한 콩잎은 여름철
별미로 즐겨 먹는 식재료입니다.
콩잎은 유방암 발생 억제 기능의
이소플라본 함유량이 높아
여성에게 특히 좋아요. 장아찌나
김치로 담가두면 주먹밥 등 다양한
요리에 활용 가능하답니다.

Menu 1 현미견과류죽

[재료] 아몬드 20g, 현미 30g, 물 3컵

─────────────────────────────────

[만드는 법]
① 현미는 4시간 정도 불렸다가 쌀알이 반 정도 남도록 절구에 찧거나 분쇄기에 간다.
② 아몬드는 기름을 두르지 않은 팬에 살짝 덖은 뒤 식혔다가 분쇄기에 갈아 준비한다.
③ 불려 찧은 현미에 분량의 물을 붓고 끓인다.
④ 한소끔 끓어오르면 불을 줄여 쌀알이 퍼지도록 뭉근히 끓인다.
⑤ 완성된 현미죽을 그릇에 담고 아몬드 가루를 올린다.

Menu 2 콩잎주먹밥

[재료] 현미밥 2/3공기, 콩잎장아찌 10장, 현미 깨기름 1작은술, 찧은 깨소금 적당량
* 현미 깨기름(1컵 기준) 깨소금 2큰술, 현미유 1컵

─────────────────────────────────

[만드는 법]
① 콩잎장아찌는 물에 담가 짠 내를 빼고 꼭 짜둔다.
② 믹서에 현미유와 깨소금을 넣고 갈아 현미 깨기름을 만든다. 참기름 대용으로 고소한 맛을 내 먹기 좋다.
③ 현미밥에 ②와 찧은 깨소금을 넣고 버무린다.
④ 짠 내를 뺀 콩잎장아찌에 버무린 현미밥을 적당량 넣고 싸서 그릇에 담는다.

TIP 아몬드는 타기 쉬우므로 주의!
열량이 높은 아몬드는 기름 없는 팬에 구워줍니다. 이때 아몬드가 쉽게 타버릴 수 있으니 중불에서 자주 휘저으며 덖어주세요. 덖은 아몬드는 완전히 식힌 뒤에 요리합니다.

TIP 장아찌는 물에 담갔다 사용
콩잎간장장아찌를 활용해 쌈밥을 만들 때는 장아찌를 먼저 물에 담가 짠 기운을 씻어낸 뒤 사용하세요. 그대로 사용하면 너무 짤 수 있어요.

Menu 3 바나나롤

[재료] 바나나 1개(80g), 통밀식빵 2장, 꿀 1작은술

[만드는 법]
① 바나나는 껍질을 벗겨 준비한다.
② 식빵은 밀대로 한 번 밀어서 쫄깃하게 해준다.
③ 김발 위에 랩을 깔고 통밀식빵을 올린 다음, 껍질 벗긴 바나나를 통째로 올린다.
④ 바나나 위에 꿀을 바른 뒤 김밥을 말듯이 말아 고정시킨다.
⑤ 고정시킨 바나나롤을 한입 크기로 썬다.

Menu 4 당근두유

[재료] 당근 1/5개(40g), 대두 50g, 물 1과 1/2컵

[만드는 법]
① 대두는 깨끗이 씻어 일어서 압력솥에 3배의 물을 붓고 삶는다.
② 압력솥의 추가 흔들리면 5분 뒤에 불을 끄고 김이 빠지고 나면 그 물까지 준비한다.
③ 당근은 깨끗이 씻어 적당한 크기로 자른다.
④ 믹서에 ②와 당근을 넣고 분량의 물을 부어 곱게 간다.

TIP 꿀을 접착제로 사용
바나나에 꿀을 바르면 식빵으로 말아줄 때 접착력이 더해져 바나나와 빵 사이가 뜨지 않습니다. 달콤함도 배가되지요.

TIP 당근은 생으로 사용
대두 속 지방 성분은 당근 같은 붉은 채소에 들어 있는 영양소의 체내 흡수를 높이는 효능이 있습니다. 당근은 생으로 넣고, 소화력이 떨어진다면 약간 데쳐 사용해도 되어요.

menu **3**
딸기콤포트

menu **4**
시금치두유

menu **1**
당근수프

menu **2**
시나몬공갈빵

여름

일요일

당근수프와 시금치두유 밥상

당근수프 + 시나몬공갈빵 + 딸기콤포트 + 시금치두유 + 통옥수수구이

일요일에는 손쉽게 만들 수 있는 빵으로 식단에 변화를 주세요.
통밀가루 반죽에 시나몬가루만 솔솔 뿌려내면 향긋한 빵이 완성되지요.
당근수프와 시금치두유, 통옥수수구이를 더하면 비타민과 칼륨이 가득한
밥상이 됩니다. 오디청에 달달 조린 딸기도 여름날 기분 좋은 아침을
맞이해줄 거예요.

당근
당근은 자연식에서 건강은 물론
색상을 내기 위해 즐겨 사용하는
식재료입니다. 수프, 죽, 손두부,
빵 등의 반죽에 넣어주면 요리가
컬러풀하게 바뀌지요. 생으로, 익혀서
두루두루 먹기 좋으며 식이섬유는 물론
비티민 A, 카로틴이 함유되어 시력
개선에 효과적입니다.

Menu 1 당근수프

[재료] 당근 1/3개(약 70g), 양파 25g, 통밀가루 1큰술,
채소국물 2와 1/2컵, 다진 캐슈너트 1작은술, 가루간장 1/4작은술,
파슬리가루 약간

[만드는 법]
① 당근과 양파는 적당한 크기로 썬다.
② 믹서에 썬 당근과 양파를 함께 넣고 간다.
③ 두꺼운 냄비에 기름 없이 통밀가루를 살짝 볶는다.
④ ③에 분량의 채소국물을 붓고 간 당근과 양파, 다진
캐슈너트를 넣어 끓인다.
⑤ 한소끔 끓어오르면 불을 약하게 줄이고 주걱으로 저어가며
은근히 끓인다.
⑥ 가루간장으로 간하고 완성되면 그릇에 담아 파슬리가루로
장식한다.

Menu 2 시나몬공갈빵

[재료] 통밀가루 1/2컵, 물 1/4컵, 소금 1작은술,
계핏가루 · 마스코바도 · 덧밀가루 · 꿀 적당량씩

[만드는 법]
① 통밀가루와 물, 소금을 섞어 반죽한 뒤 랩을 씌워 1시간
숙성시킨다.
② 반죽이 숙성되면 공기를 빼고 치대 도넛 모양으로 빚는다.
③ 도마에 덧밀가루를 뿌리고 밀대로 ②의 반죽을 얇게 민다.
④ 계핏가루와 마스코바도, 꿀을 섞어 반죽 위에 고루 뿌린다.
⑤ 반죽이 반달 모양이 되도록 반으로 접은 뒤 터지지 않도록
가장자리를 꾹꾹 누른다.
⑥ ⑤의 반죽 중앙에 칼로 십자 모양을 내어 공기를 뺀다.
⑦ 180℃로 예열한 오븐에서 10~15분간 구워 공갈빵을 만든다.
오븐마다 예열 상태가 다르므로 확인하며 굽는다.

TIP 통밀가루를 볶으면 고소한 맛 돌아
통밀가루는 기름 없는 팬에서 살짝 볶아야
눅눅함도 없애고 고소함도 높아집니다.
통밀가루와 캐슈너트를 1:1 비율로 넣으면
크림수프의 베이스가 완성되지요.

TIP 반죽이 두꺼울수록 포만감도 커져
식사 대용으로 즐기는 공갈빵은 반죽을
두껍게 하는 게 좋습니다. 빵을 가볍게
먹고 싶다면 반죽을 얇게 하세요. 달콤하게
먹고 싶다면 꿀을 첨가하세요.

Menu 3 딸기콤포트

[재료] 딸기 5~6개(120g), 오디청 · 물 1/2컵씩

[만드는 법]
① 딸기는 꼭지를 떼고 작은 것은 그대로, 큰 것은 반 갈라 준비한다.
② 냄비에 딸기와 오디청, 분량의 물을 부어 중불에서 살살 저어가며 끓인다.
③ 국물이 다 졸아들면 용기에 옮겨 담고 냉장고에 보관한다.

Menu 4 시금치두유

[재료] 시금치 10g, 대두 50g, 물 1과 1/2컵

[만드는 법]
① 대두는 깨끗이 씻어 일어서 압력솥에 3배의 물을 붓고 삶는다.
② 압력솥의 추가 흔들리면 5분 뒤에 불을 끄고 김이 빠지고 나면 그 물까지 준비한다.
③ 시금치는 깨끗이 씻은 뒤 적당한 크기로 자른다.
④ 믹서에 ②와 시금치를 넣고 분량의 물을 부어 곱게 간다.

TIP 통밀식빵에 얹어 먹어도 좋아
과일을 시럽이나 와인에 조리는 후식의 일종인 콤포트는 그 자체로도 맛있지만 아이스크림 등의 토핑에 활용할 수 있어요. 하나씩 집어 먹거나 통밀식빵에 얹어 먹어도 맛있어요.

TIP 시금치는 곱게 갈아야 색도 진해져
시금치와 두유는 찰떡궁합입니다. 두유가 시금치의 철분 흡수를 도와주지요. 시금치두유는 맛도 좋지만 색도 예뻐 식욕을 돋아줍니다.

과실청 만들기

매실청

생강청

아로니아청

레몬청

자연식 요리에서 과실청은 반드시 필요한 식재료입니다. 조리 시 단맛이나 신맛을
내기 위한 천연 조미료로 사용되기에 항시 준비해두어야 하지요. 과실청을 만들 때는
아로니아나 매실처럼 크지 않은 열매는 그대로 사용하고, 오렌지나 레몬, 생강 등은
슬라이스해 넣습니다. 열매와 마스코바도, 꿀을 동량씩 넣어 담그면 되어요.

오렌지청

[재료] 오렌지 · 마스코바도 · 꿀 동량씩

[만드는 법]
① 오렌지는 껍질째 찬물에 담가 베이킹 소다를 묻혀 천연
솔로 문질러 씻는다.
② 오렌지를 얇게 슬라이스한다.
③ 미리 소독한 후 건조시킨 병에 슬라이스한 오렌지를 깔고,
그 위로 꿀을 올린다.
④ ③ 위에 마스코바도를 뿌린다.
⑤ 다시 오렌지를 올리고 그 위로 꿀과 마스코바도를 올린다.
⑥ 위의 과정을 번갈아가며 오렌지를 켜켜이 쌓는다.
⑦ 병의 3/4까지 채우고 위에 마스코바도를 충분히 뿌린다.
⑧ 3~4일 실온에서 숙성시킨 뒤, 일주일 정도 냉장 보관한 후
먹는다.

TIP 병조림 하는 법
① 물이 담긴 냄비에 병을 넣고 끓여 소독한다.
② 병이 뜨거울 때 내용물을 담아 뒤집어둔 뒤 48시간 후에
바로 세운다.
③ 병조림 뚜껑을 열 때는 칼등으로 뚜껑 가장자리를 돌려가며
두들겨 충격을 준 다음 열면 뻥 소리가 나면서 뚜껑이 열린다.

menu **3**
밤호두조림

menu **4**
파인애플두유

menu **2**
마늘잼과 통밀식빵

menu **1**
대추죽

가을

월요일

대추죽과 파인애플두유 밥상

대추죽 + 마늘잼과 통밀식빵 + 밤호두조림 + 파인애플두유 + 모둠콩 + 대추토마토

가을에는 각양각색의 열매채소를 밥상 위에 올려보세요. 대추, 밤, 호두
등 가을 햇열매에는 사방의 기운이 가득합니다. 가을에 수확하는 열매는
싸늘해지는 날씨로부터 몸을 보호하는 성질이 있지요. 대추죽과 마늘잼,
밤호두조림으로 차린, 환절기에 몸을 보양하는 데 초점을 맞춘 아침
밥상입니다.

대추
보양식으로 사랑받는 대추는
정신 건강에도 큰 도움을 줍니다.
신경이 예민해하거나 가슴이
울렁이고 불면증이 있다면 대추로
다양한 요리를 만들어 드세요.
꿀에 재우거나 차로 끓여 음료처럼
즐겨도 좋습니다.

Menu 1 대추죽

[재료] 대추 6알, 현미 30g, 물 3컵

[만드는 법]
① 현미는 4시간 정도 불렸다가 쌀알이 반 정도 남도록 절구에 찧거나 분쇄기에 간다.
② 대추는 씨를 발라내고 돌려 깎아 가늘게 채 썬다.
③ 냄비에 미리 불려 간 현미와 채 썬 대추, 분량의 물을 넣고 센 불에 끓인다.
④ 한소끔 끓어오르면 불을 줄여 쌀알이 퍼지도록 뭉근히 끓인다.

Menu 2 마늘잼과 통밀식빵

[재료] 통밀식빵 2장, 마늘 20쪽, 조청 1과 1/2큰술

[만드는 법]
① 마늘은 껍질을 까고 얇게 편 썬다.
② 냄비에 편 썬 마늘과 조청을 넣고 센 불로 끓인다.
③ 끓어오르면 불을 줄이고 저어가며 뭉근히 조린다.
④ 통밀식빵은 기름 없는 팬에 살짝 굽고, 먹기 직전에 마늘잼을 올린다.

TIP 마른 수건으로 닦은 뒤 손질
대추는 우선 물에 담가 먼지를 씻어낸 뒤에 마른 수건으로 물기를 없애줍니다. 대추 씨는 칼로 대추를 돌려 깎듯이 해 발라내면 됩니다.

TIP 마늘은 센 불에서 푹 익혀야
마늘은 건강에 좋은 식품이지만 자극적인 맛과 향으로 꺼리는 사람도 있지요. 마늘잼을 만들 때 마늘은 푹 익혀야 아린 맛이 없답니다.

Menu 3 밤호두조림

[재료] 밤 16톨, 깐 호두 60g

[조림장] 채소국물 3/4컵, 조청 4작은술, 가루간장 1작은술, 통깨 약간

[만드는 법]
① 밤은 속껍질을 벗겨서 2등분한다.
② 호두는 겉껍질을 벗긴 후 적당하게 쪼갠다.
③ 채소국물에 조청과 가루간장을 섞고 준비한 밤과 호두를 넣어 약한 불에 조린다.
④ 조림에 윤기가 돌면 불을 끄고 통깨를 뿌려 마무리한다.

Menu 4 파인애플두유

[재료] 파인애플 50g, 대두 50g, 물 1과 1/2컵

[만드는 법]
① 대두는 깨끗이 씻어 일어서 압력솥에 3배의 물을 붓고 삶는다.
② 압력솥의 추가 흔들리면 5분 뒤에 불을 끄고 김이 빠지고 나면 그 물까지 준비한다.
③ 파인애플은 적당한 크기로 잘라 준비한다.
④ 믹서에 ②와 파인애플을 넣고 분량의 물을 부어 곱게 간다.

TIP 밤과 호두에 윤기가 돌면 불 끄기
밤과 호두는 생으로 먹는 식재료입니다. 너무 익히면 식감이 덜해지니 겉면에 윤기가 돌면 바로 불을 끄고 식혀주세요.

TIP 파인애플은 잘게 다져 넣어도 좋아
대두와 파인애플을 한데 갈아 먹어도 좋지만, 파인애플의 달콤한 식감을 즐기고 싶다면 잘게 썰어 먹기 직전 두유에 섞어 먹어도 맛나지요.

menu **2**
현미찰떡말이

menu **4**
고구마두유

menu **3**
가지그라탱

menu **1**
고구마죽

가을

화요일

고구마죽과 고구마두유 밥상

고구마죽 + 현미찰떡말이 + 가지그라탱 + 고구마두유 + 적채 + 오렌지

아침에 먹으면 좋은 뿌리채소나 견과류 등을 따로 준비하기가 번거롭다면
여러 요리에 활용해보세요. 두유나 죽, 떡, 잼, 샐러드 등에 뿌리채소나
견과류를 듬뿍 넣으면 따로 챙겨먹을 일 없이 영양을 충분히 보충할 수
있지요. 영양을 고려하면서도 짧은 아침 시간을 활용하는 지혜입니다.

고구마
여름에는 여린 순으로 나물을 해 먹고,
초가을에는 땅속의 뿌리를 내어주는
고마운 식재료입니다. 특히 고구마 속에
함유된 식물성 섬유는 여느 채소에
비해 흡착력이 강해 각종 발암물질이
몸속에서 배출될 수 있도록 돕지요.

Menu 1 고구마죽

[재료] 고구마 1/3개(약 70g), 현미 30g, 물 3컵

[만드는 법]
① 현미는 4시간 정도 불렸다가 쌀알이 반 정도 남도록 절구에 찧거나 분쇄기에 간다.
② 고구마는 껍질을 벗기고, 사방 1cm 크기로 깍둑 썬다.
③ 미리 불려 갈아놓은 현미와 고구마를 냄비에 넣고 분량의 물을 부어 센 불에 끓인다.
④ 한소끔 끓어오르면 불을 줄여 쌀알이 퍼지도록 뭉근히 끓인다.
⑤ 마지막에 고구마를 넣고 고구마가 익을 때까지 한 번 더 끓이고 불을 끈다.

Menu 2 현미찰떡말이

[재료] 현미찰떡 200g, 곶감 3개(100g), 호두 30g, 아마씨유 약간

[만드는 법]
① 갓 만들어 부드러운 현미찰떡을 준비한다.
② 곶감은 꼭지를 떼고 세로로 반 잘라 씨를 뺀다.
③ 김발에 랩을 깔고 아마씨유를 펴 바른 뒤 현미찰떡을 올려 8cm 폭으로 넓적하게 편다.
④ ③ 위에 곶감을 일렬로 올리고, 호두를 하나씩 올린다.
⑤ 김발로 김밥을 말듯 꼭꼭 눌러가며 둥글게 말아 모양을 잡는다.
⑥ 랩을 벗기고 칼로 얇게 잘라 그릇에 담는다.

TIP 떫은맛이 있다면 물에 담갔다 사용
햇고구마의 경우 조금 떫은맛이 날 수도 있는데, 이때는 껍질을 깎을 때나 깎은 후에 물에 담갔다가 사용하면 떫은맛이 덜해져요.

TIP 곶감 표면의 하얀 가루는 그대로 두기
간혹 곶감에 하얀 가루가 묻어 있는데, 이는 곶감이 건조될 때 당분이 농축되면서 가루로 남은 것이지요. 따로 손질할 필요가 없습니다.

Menu 3 가지그라탱

[재료] 가지 1/2개(70g), 홍피망 1/3개(30g)

[마요네즈 소스] 캐슈너트 100g, 양파 25g, 물 1/4컵, 꿀 5큰술,
올리브유 4큰술, 레몬즙 3큰술, 구운 소금 1/2큰술, 다진 마늘 1작은술

[만드는 법]
① 마요네즈 소스를 만든다. 양파를 적당하게 자른 뒤 남은
소스 재료와 한데 섞어 믹서에 곱게 간다.
② 가지는 길이 방향으로 1cm 두께로 썬다. 홍피망은 잘게
다진다.
③ 오븐용 접시에 가지를 담고 그 위에 마요네즈 소스를 바른
뒤 다진 홍피망을 올린다.
④ 180℃로 예열한 오븐에 15분간 굽는다.

Menu 4 고구마두유

[재료] 고구마 1/3개(약 70g), 대두 50g, 물 2컵

[만드는 법]
① 대두는 깨끗이 씻어 일어서 압력솥에 3배의 물을 붓고
삶는다.
② 압력솥의 추가 흔들리면 5분 뒤에 불을 끄고 김이 빠지고
나면 그 물까지 준비한다.
③ 고구마는 깨끗이 씻어 껍질째 적당한 크기로 자른다.
④ 믹서에 ②와 고구마를 넣고 분량의 물을 부어 곱게 간다.

TIP 찹쌀 반죽을 더하면 더욱 쫄깃해져
가지 위에 올린 마요네즈 소스가 오븐에
구워져 더욱 고소해지는 요리예요. 쫄깃한
식감을 원한다면 찹쌀가루를 묽게 반죽해
함께 올려 구워내도 좋아요.

TIP 생고구마를 한데 넣고 갈기
두유에 넣는 채소나 과일은 가급적 생것을
그대로 사용하세요. 신선한 채소와 과일의
향과 영양을 고스란히 얻을 수 있을
뿐 아니라 섬유질도 그대로 섭취할 수
있답니다.

menu **4**
우무묵두유

menu **3**
채소볶음샐러드

menu **1**
곡식플레이크

menu **2**
피스타치오잼과 통밀모닝빵

가을

수요일

곡식플레이크와 우무묵두유 밥상

곡식플레이크 + 피스타치오잼과 통밀모닝빵 + 채소볶음샐러드 + 우무묵두유 + 피스타치오 + 감

아침 시간이 빠듯한 날이라면 미리 볶아둔 곡식플레이크와 잼으로 밥상을
차려보세요. 냉장고 속 채소만 살짝 볶아내고 우무묵을 잘게 썰어 두유에
섞어내면 자연식 스피드 밥상이 차려집니다. '한천'으로 불리는 우무묵은
저칼로리에 식이섬유가 풍부해 다이어트에도 효과적이지요. 탄력 있는
식감이 아침 메뉴로 안성맞춤이에요.

흑미
'검은 진주'로 불리는 흑미는
씹을수록 구수한 맛이 좋지요.
미네랄이 풍부한 검은색 안토시아닌
성분으로 항산화는 물론, 새치와
변비 예방에 효과적입니다. 밥은
물론 차, 술, 식혜, 떡 등으로
다양하게 즐길 수 있습니다.

Menu 1 곡식플레이크

[재료] 수수 100g, 꿀 3큰술

[만드는 법]
① 기름 없는 팬에 수수가 부풀어 오를 때까지 볶는다.
② 수수가 부풀어 오르면 꿀을 넣고 한 번 더 뒤적인다.
③ 식혀서 밀폐 용기에 잘 보관해두고 샐러드에 넣거나 두유에 말아 먹는다.

Menu 2 피스타치오잼과 통밀모닝빵

[재료] 통밀모닝빵 2개, 피스타치오 100g, 조청 2큰술

[만드는 법]
① 피스타치오는 껍질을 까서 준비한다.
② 껍질을 깐 피스타치오를 칼이나 분쇄기로 잘게 다진다.
③ 냄비에 다진 피스타치오와 조청을 넣어 약불로 조린다.
④ 주걱으로 저어가며 걸쭉해질 때까지 조리면 완성.
⑤ 통밀모닝빵은 찜기에 살짝 찐 후 반으로 갈라 준비해둔 잼을 바른다.

TIP 꿀이 들어가 타기 쉬우니 주의
곡식플레이크를 만들 때는 주의해서 계속 뒤적여주는 게 중요하지요. 꿀이 들어가 더 쉽게 탈 수 있으므로 보다 신경 써서 볶아야 해요.

TIP 조청은 뜨거운 물에 풀어 사용
조청에 견과류를 자근자근 다져 즉석에서 만드는 견과류 잼은 어떤 빵과도 어울리지요. 찬물에는 조청이 잘 녹지 않으므로 뜨거운 물을 부어 섞어주세요.

Menu 3 채소볶음샐러드

[재료] 파프리카 · 양파 1/2개(100g)씩, 애호박 1/3개(90g),
가지 1/2개(70g), 토마토 1/3개(약 70g), 마늘 2쪽, 올리브유 약간
[소스] 올리브유 1큰술, 굵은 고춧가루 1/2큰술, 다진 마늘 2작은술,
다진 양파 · 잣가루 1작은술씩, 후춧가루 · 소금 약간씩

[만드는 법]
① 토마토는 칼로 십자 모양을 내 끓는 물에 살짝 익혀 껍질을
벗긴다.
② 파프리카와 양파, 애호박, 가지, 삶은 토마토는 사방 1cm
크기로 썬다. 마늘은 편 썬다.
③ 달군 팬에 올리브유를 살짝 둘러 재료를 한데 섞어 볶는다.
④ 볼에 분량의 소스 재료를 모아 믹서에 곱게 간다.
⑤ ③의 볶음에 소스를 더해 낸다.

Menu 4 우무묵두유

[재료] 우무묵 · 대두 50g씩, 물 1과 1/2컵

[만드는 법]
① 대두는 깨끗이 씻어 일어서 압력솥에 3배의 물을 붓고
삶는다.
② 압력솥의 추가 흔들리면 5분 뒤에 불을 끄고 김이 빠지고
나면 그 물까지 준비한다.
③ 우무묵은 깨끗이 씻은 후 체에 내려 가늘게 뽑아놓는다.
④ 믹서에 ②와 분량의 물을 붓고 갈아 두유를 만든
다음 가늘게 뽑은 우무묵을 넣는다.
⑤ 취향에 따라 고명으로 깨소금이나 잣을 올려 먹어도 좋다.

TIP 토마토는 익혀 먹으면 영양도 높아져
토마토 속 리코펜 성분은 생으로 먹을
때보다 익혀 먹을 때 흡수율이 2~3배
높아집니다. 게다가 지용성이기에 토마토를
기름에 볶으면 흡수율이 4배 가까이
높아져요.

TIP 우무묵은 체를 통해 뽑아야
우무묵은 칼로 채를 썰기가 쉽지 않으므로
체를 이용합니다. 우무묵을 깨끗이 손질해
체에 올려놓고 손으로 지그시 누르면
면처럼 가느다란 채가 뽑혀 나옵니다.

menu **4**
자색고구마두유

menu **3**
감자샐러드

menu **1**
단호박수프

menu **2**
견과수수부꾸미

가을

목요일

단호박수프와 자색고구마두유 밥상

단호박수프 + 견과수수부꾸미 + 감자샐러드 + 자색고구마두유 + 청포도

단호박과 감자, 고구마로 에너지가 넘치는 한 상 차림입니다. 열량이 낮으면서도
비타민과 무기질, 식이섬유가 가득한 다이어트 밥상이지요. 특히 고구마는 일본
도쿄대 연구에 따르면 항암 채소 가운데서도 발암 억제율이 으뜸이라고 합니다.
자색고구마는 고구마 속에 들어 있는 비타민 C와 E, 베타카로틴에 안토시아닌
성분까지 더해져 면역 기능 향상에 탁월합니다.

수수
아이들 생일상에 수수팥떡으로 꼭
오르는 특별한 곡식입니다. 그만큼
건강에 이로운 식품이지요. 수수 속의
프로안토시아니딘이라는 성분은
방광의 면역 기능을 강화해 방광염
치유에 효과적입니다. 떡은 물론 엿,
과자 등으로도 먹습니다.

Menu 1 단호박수프

[재료] 단호박 1/3개(200g), 찹쌀가루 20g, 물 1과 3/4컵,
소금·꿀 조금씩

[만드는 법]
① 단호박은 4등분해 씨를 파낸 다음 물 1과 1/2컵을 부어
삶는다.
② 삶은 단호박은 건져 껍질을 벗긴 뒤, 삶은 국물과 함께
믹서에 곱게 간다.
③ 찹쌀가루는 남은 물 1/4컵을 붓고 잘 갠다.
④ 간 단호박과 찹쌀가루 푼 것을 냄비에 담고 센 불로 끓이다
끓어오르면 불을 약하게 줄여 뭉근히 끓인다.
⑤ 맛을 내려면 소금과 꿀을 약간씩 첨가한다.

Menu 2 견과수수부꾸미

[재료] 찰수수가루 1컵, 뜨거운 물 1/2컵,
해바라기 씨·포도씨유 적당량씩
[시럽] 마스코바도 2/3큰술, 물 1/2컵

[만드는 법]
① 냄비에 마스코바도와 분량의 물을 넣고 중불에서
저어가며 끓인다. 양이 반으로 줄면 한 김 식힌다.
② 볼에 찰수수가루를 담고 뜨거운 물을 조금씩 넣어가며
익반죽한다. 반죽이 약간 질다 싶어야 구웠을 때 쫄깃하다.
③ 반죽을 동그랗게 떼어 밀대로 동글납작하게 만든다.
④ 달군 팬에 포도씨유를 두르고 ③을 굽는다. 밑면이
투명해지면 뒤집어 구운 뒤, 그릇에 옮겨 담는다.
⑤ ④ 위에 해바라기 씨를 올리고 시럽을 뿌린다.

TIP 단호박 삶은 물을 수프에 넣기
단호박 삶은 물은 버리지 않고 삶은
단호박과 함께 수프에 넣어주세요. 그래야
단호박의 깊은 맛을 낼 수 있습니다.

TIP 시럽은 중불에서 조려야
수수에는 속을 따뜻하게 하고 소화를 돕는
성분이 있지요. 팥소 대신 시럽을 넣으면
호떡처럼 즐기기 좋아요. 마스코바도
시럽은 중불에서 천천히 조려야 점성이
좋습니다.

Menu 3 감자샐러드

[재료] 감자 1과 1/3개(200g), 말린 크렌베리 약간

[소스] 캐슈너트 1/2컵, 레몬즙·올리브유·물 1큰술씩, 소금 약간

[만드는 법]
① 감자는 껍질째 깨끗이 씻어 칼로 십자 모양을 낸다.
② 김이 오른 찜기에 ①의 감자를 넣어 쪄서 한 김 식힌다.
③ 감자가 식으면 껍질을 벗겨 덩어리가 크게 으깬다.
④ 믹서에 소스 재료를 모두 넣고 곱게 간다.
⑤ ③에 곱게 간 소스와 말린 크렌베리를 넣고 버무린다.

Menu 4 자색고구마두유

[재료] 자색고구마 1/5개(40g), 대두 50g, 물 2컵

[만드는 법]
① 대두는 깨끗이 씻어 일어서 압력솥에 3배의 물을 붓고 삶는다.
② 압력솥의 추가 흔들리면 5분 뒤에 불을 끄고 김이 빠지고 나면 그 물까지 준비한다.
③ 자색고구마는 깨끗이 씻어 적당한 크기로 자른다.
④ 믹서에 ②와 자색고구마를 넣고 분량의 물을 부어 곱게 간다.

TIP **십자 모양을 내면 조리시간 단축**
감자 찌는 시간을 단축하고 싶다면 칼로 십자 모양을 낸 뒤 찜기에 넣어주세요. 만약 감자를 삶는다면 풋감자는 끓는 물에, 묵은 감자는 찬물에 넣어 삶아야 더 맛있답니다.

TIP **자색고구마는 껍질째 사용**
자색고구마 껍질에는 항산화 물질인 안토시아닌 성분이 고구마보다 많이 들어 있지요. 자색고구마는 꼭 껍질째 사용하세요.

menu **2**
블랙올리브와 통밀식빵

CUISINE HABITS

menu **4**
밤두유

menu **1**
부추죽

menu **3**
말린 과일샐러드

가을

금요일

부추죽과 밤두유 밥상

부추죽 + 블랙올리브와 통밀식빵 + 말린 과일샐러드 + 밤두유 + 배

가을에는 쇠한 기운을 다스리는 일에 집중해야 합니다. 몸을 따뜻하게 하고
강장 작용이 뛰어난 밤과 부추를 이용해 아침 밥상을 차려보세요. 체내의
온도를 적당히 조절해줘 신진대사를 더욱 활발하게 해줍니다. 블랙올리브와
말린 과일샐러드, 밤두유 모두 면역력 증진에 도움이 되는 메뉴입니다.
가을에 꼭 필요한 상차림이지요.

밤
식용과 보양식으로 두루 쓰이는
밤은 탄수화물, 지방, 단백질, 미네랄
등의 5대 영양소가 고루 들어 있어
완전식품으로 불립니다. 원기를 돋우는
성질도 있어서 이유식이나 환자의
회복식으로 많이 활용되지요. 고소하고
달콤한 맛이 일품입니다.

Menu 1 부추죽

[재료] 부추 1/2줌(25g), 현미 30g, 물 3컵

[만드는 법]
① 현미는 4시간 정도 불렸다가 쌀알이 반 정도 남도록 절구에 찧거나 분쇄기에 간다.
② 부추는 흐르는 물에 깨끗이 씻은 후 송송 썬다.
③ 냄비에 불려 간 현미와 분량의 물을 넣고 센 불에 끓인다.
④ 한소끔 끓어오르면 불을 줄여 쌀알이 퍼지도록 뭉근히 끓인다.
⑤ 현미죽이 완성되면 불을 끄고 송송 썬 부추를 넣어 섞은 다음 그릇에 담는다.

Menu 2 블랙올리브와 통밀식빵

[재료] 통밀식빵 2장, 블랙올리브 8알, 올리브유 1/4큰술

[만드는 법]
① 블랙올리브는 체에 받쳐두었다가 얇게 슬라이스한 다음 잘게 다진다.
② 다진 블랙올리브에 올리브유를 넣고 잘 섞는다.
③ 통밀식빵은 기름을 두르지 않은 팬에 살짝 굽는다.
④ 구운 통밀식빵 위에 ②의 블랙올리브를 토핑한다.

TIP **송송 썬 부추는 불 끄고 넣기**
부추죽에 들어가는 부추는 현미죽이 완성된 뒤 불을 끄고 나서 올려 섞으면 됩니다. 부추는 날것으로 먹을 때 영양은 물론 식감도 좋답니다. 익혀 먹으면 자칫 질긴 맛이 나기 쉬워요.

TIP **블랙올리브만으로도 충분히 고소해**
블랙올리브는 숙성된 올리브를 뜻합니다. 그린올리브는 조금 덜 익었을 때, 블랙올리브는 완전히 익었을 때 수확하지요. 풍미가 좋아 소스를 곁들이지 않고 먹어도 충분히 고소합니다. 설사를 멈추거나 변비 완화에도 좋아요.

Menu 3 말린 과일샐러드

[재료] 자몽 · 오렌지 1개씩
[녹차 소스] 녹차가루 1/2작은술, 유자청 4와 2/3큰술,
포도식초 1작은술, 소금 · 올리브유 약간씩

[만드는 법]
① 자몽과 오렌지 껍질을 벗긴다.
② 껍질을 벗긴 자몽과 오렌지는 얇게 슬라이스한다.
③ 슬라이스한 자몽과 오렌지를 각각 건조기에 넣어 말린다.
④ 녹차가루에 포도식초, 올리브유를 더해 고루 섞는다.
유자청을 넣고 한 번 더 섞은 뒤 소금으로 간한다.
⑤ 모두 한데 모아 소스를 곁들인다.

Menu 4 밤두유

[재료] 밤 4톨, 대두 50g, 물 1과 1/2컵

[만드는 법]
① 대두는 깨끗이 씻어 일어서 압력솥에 3배의 물을 붓고
삶는다.
② 압력솥의 추가 흔들리면 5분 뒤에 불을 끄고 김이 빠지고
나면 그 물까지 준비한다.
③ 냄비에 밤이 잠길 만큼 물을 부어 10분간 팔팔 끓여 밤을
삶는다.
④ 삶은 밤은 속껍질까지 벗기고 적당한 크기로 자른다.
⑤ 믹서에 ②와 삶은 밤을 넣고 분량의 물을 부어 곱게 간다.

TIP 과일은 말리면 영양가 높아져
과일은 건조시키면 당도가 높아지면서
비타민과 미네랄이 더 풍부해집니다.
하지만 말린 과일은 칼로리가 더욱
높아지니 적당량만 섭취하세요.

TIP 삶은 뒤 찬물에 여러 번 헹궈야
밤을 삶거나 찔 때는 이후 찬물에 여러 번
헹궈야 껍질이 잘 벗겨져요. 밤을 쪄서 먹을
요량이라면 센 불에서 15~20분, 중불에서
5분 쪄낸 뒤, 불을 끄고 5분 뜸 들이고
찬물에 여러 번 헹궈주세요.

menu 3
매실청소스 샐러드

menu 4
단호박두유

menu 2
버섯볶음밥

menu 1
표고버섯죽

가을

토요일

표고버섯죽과 단호박두유 밥상

표고버섯죽 + 버섯볶음밥 + 매실청소스샐러드 + 단호박두유 + 군고구마 + 호두 + 청포도

항암 효과와 항산화작용이 뛰어난 버섯은 건강을 생각하는 이들의 밥상에서
빠지지 않는 먹을거리입니다. 요즘은 1년 내내 버섯을 볼 수 있지만 맛과 영양은
제철인 가을 버섯을 따를 수 없지요. 표고, 양송이, 팽이, 새송이 등 갖가지
버섯으로 영양 밥상을 차렸습니다. 소화에 좋은 매실청이 더해지면 가벼운
상차림이 완성됩니다.

표고버섯
표고버섯은 암에 대한 저항력과
증식을 억제하는 기능이 높은
식품입니다. 특히 가열하면 맛이 더
좋아지면서 표고버섯 속 구아닐산
성분이 증가하게 됩니다. 말리면
맛과 향이 더욱 강해집니다.

Menu 1 표고버섯죽

[재료] 표고버섯 2와 1/2개(약 60g), 현미 30g, 물 3컵

[만드는 법]
① 현미는 4시간 정도 불렸다가 쌀알이 반 정도 남도록 절구에 찧거나 분쇄기에 간다.
② 표고버섯은 기둥은 떼어내고 갓만 잘게 썬다.
③ 미리 불려 갈아놓은 현미와 표고버섯, 분량의 물을 냄비에 넣고 센 불에 끓인다.
④ 한소끔 끓어오르면 불을 줄여 쌀알이 퍼지도록 뭉근히 끓인다.

Menu 2 버섯볶음밥

[재료] 현미밥 2/3공기, 표고버섯 1개(25g), 양파 30g, 실파 1뿌리, 포도씨유 1큰술, 다진 마늘 · 깨소금 1작은술씩, 가루간장 · 아마씨유 1/4작은술씩

[만드는 법]
① 표고버섯은 끓는 물에 살짝 데쳐 물기를 뺀 후 작게 깍둑 썬다.
② 양파는 표고버섯과 같은 크기로 썰고, 실파는 송송 썬다.
③ 팬에 포도씨유를 두르고 다진 마늘과 표고버섯을 넣어 볶다가 양파와 현미밥을 넣고 볶는다.
④ 어느 정도 볶아지면 실파를 넣고 볶는다.
⑤ 가루간장으로 간하고 깨소금과 아마씨유를 넣어 마무리한다.

TIP 버섯 대는 따로 떼어내 말려 사용
표고버섯 대는 식감이 조금 질길 수 있으니 따로 떼어내 말려서 국물을 내거나 장조림용으로 사용하면 좋아요. 다진 표고버섯이 남으면 반드시 밀폐 용기에 담아 수분이 사라지지 않도록 해주세요.

TIP 말린 표고버섯과 생표고버섯 맛도 달라
생표고버섯과 말린 표고버섯은 맛과 향의 차이가 큰데, 말린 표고버섯으로 요리를 하면 소고기 맛이 강하게 느껴집니다. 반면 생표고버섯은 해물 맛이 나지요.

Menu 3 매실청소스샐러드

[재료] 양배추 2장(50g), 방울토마토 6개, 블랙올리브 6알

[매실청 소스] 매실청에서 건진 매실 50g,

레몬즙 · 아마씨유 1작은술씩

[만드는 법]
① 양배추는 다듬은 다음 손으로 먹기 좋은 크기로 뜯는다.
② 방울토마토는 꼭지를 떼고 반으로 잘라 얇게 썰고,
블랙올리브는 슬라이스한다.
③ 매실청에서 건진 매실은 잘게 다져 레몬즙과 아마씨유를
넣어 살짝 버무린다.
④ 준비한 채소의 물기를 빼고 보기 좋게 담은 다음
블랙올리브를 올리고 매실청 소스를 끼얹는다.

Menu 4 단호박두유

[재료] 단호박 50g, 대두 30g, 물 1과 1/2컵

[만드는 법]
① 대두는 깨끗이 씻어 일어서 압력솥에 3배의 물을 붓고
삶는다.
② 압력솥의 추가 흔들리면 5분 뒤에 불을 끄고 김이 빠지고
나면 그 물까지 준비한다.
③ 단호박은 속을 파내고 적당한 크기로 썬 후 찜기에 쪄서
껍질을 벗긴다.
④ 믹서에 ②와 삶은 단호박을 넣고 분량의 물을 부어 곱게
간다.

TIP 매실청 건더기도 여러 요리에 활용
초여름에 매실청을 한번 담가두면 요긴하게
쓰이지요. 청은 물에 타서 건강 음료로
즐기고, 매실 건더기는 장아찌와 샐러드로
즐깁니다. 매실청을 만들 때 설탕 대신 꿀을
넣으면 너무 달지 않아 요리에 사용하기
좋아요.

TIP 두유에 넣는 채소는 자투리 이용
요리를 하다보면 자투리가 남기
마련이지요. 남은 자투리 재료는 1회
분량씩 포장해 냉동 보관해두세요. 두유에
들어가는 채소는 양이 적으므로, 자투리
재료를 보관해놨다가 사용하면 좋아요.

113

menu **4**
검은콩두유

menu **3**
고구마유자청샐러드

menu **1**
시금치죽

menu **2**
아몬드잼과 통밀모닝빵

가을

일요일

시금치죽과 검은콩두유 밥상

시금치죽 + 아몬드잼과 통밀모닝빵 + 고구마유자청샐러드 + 검은콩두유 + 찐 단호박 + 배

색상만 봐도 컬러풀한 아침 밥상입니다. 초록색의 시금치죽에 노란색의
고구마유자청샐러드, 검은색의 검은콩두유…… 색이 다르듯 뽐내는
영양분도 다르니 한 끼가 보약과 같습니다. 흰색의 시원한 배 한 조각이
색색깔 요리의 소화도 도와줍니다. 고구마와 단호박으로 가을 영양도
잊지 않고 챙겼습니다.

시금치
국, 무침, 샐러드, 두유 등 쓰임새
많은 시금치는 항암 채소입니다. 매일
시금치, 당근 같은 녹황색 채소를
먹으면 위암 발생이 35%, 대장암
발생이 40% 감소될뿐더러, 시금치의
대표 성분인 엽산은 폐암 억제 효과도
있습니다.

Menu 1 시금치죽

[재료] 시금치 10g, 현미 30g, 물 3컵

[만드는 법]
① 현미는 4시간 정도 불렸다가 쌀알이 반 정도 남도록 절구에 찧거나 분쇄기에 간다.
② 시금치는 깨끗이 씻은 후 적당한 크기로 잘라 믹서에 간다.
③ 믹서에 ①의 현미와 ②의 시금치를 넣어 살짝 섞어준 뒤, 꺼내 분량의 물과 함께 냄비에 넣고 센 불에 끓인다.
④ 한소끔 끓어오르면 불을 줄여 쌀알이 퍼지도록 뭉근히 끓인다.

Menu 2 아몬드잼과 통밀모닝빵

[재료] 통밀모닝빵 2개, 아몬드 100g, 조청 2큰술

[만드는 법]
① 아몬드는 껍질째 잘게 다진다.
② 냄비에 잘게 다진 아몬드와 조청을 넣어 약불로 조린다.
③ 주걱으로 저어가며 걸쭉해질 때까지 조린다.
④ 통밀모닝빵은 찜기에 살짝 찐 후 반으로 갈라 준비해둔 잼을 바른다.

TIP 믹서에 갈면 색이 더 고와져
시금치죽의 컬러감을 살리고 싶다면 시금치를 갈아서 사용하는 게 좋아요. 다만 시금치 성분 중 비타민 C는 열에 약하므로 가능하다면 데치듯 살짝만 익혀 먹는 게 좋습니다.

TIP 생아몬드를 넣으면 더 고소해
고소한 아몬드의 식감을 느끼고 싶다면 다진 아몬드에 조청을 넣어 약불에서 조리는 대신 생아몬드를 다져 조청에 섞어 먹어도 좋아요. 이때는 좀 더 곱게 다져야 먹기 편하지요.

Menu 3 고구마유자청샐러드

[재료] 고구마 2개(400g), 유자청 1큰술, 로즈 1/2줌(10g), 잣 약간

[만드는 법]
① 고구마를 길이로 반 잘라 김이 오른 찜기에 넣어 찐다.
② 고구마의 모양을 유지하면서 속을 파서 한데 모은다.
③ 유자청의 건더기를 잘게 썰어 ②의 속과 버무려 다시 고구마 속으로 넣고 그 위에 잣을 다져 토핑한다.
④ 다진 잣을 토핑한 고구마 위에 남은 유자청을 발라주고 180℃로 예열한 오븐에서 5분 굽는다.
⑤ 손으로 뜯은 로즈와 곁들인다.

Menu 4 검은콩두유

[재료] 검은콩 50g, 물 1과 1/2컵

[만드는 법]
① 검은콩은 깨끗이 씻어 일어서 솥에 3배의 물을 붓고 삶는다.
② 팔팔 끓으면 5분 뒤에 불을 끈다.
③ 김이 완전히 빠지기를 기다려, 한 김 식으면 믹서에 넣고 분량의 물을 부어 곱게 간다.

TIP 유자청 건더기와 청은 따로 사용
고구마에 유자청을 더하면 맛은 물론 향기까지 좋아지지요. 이때 유자청은 요리붓으로 속을 판 고구마에 발라주고, 유자청 건더기는 잘게 썰어 고구마 속과 함께 버무려 다시 채웁니다.

TIP 대두 대신 검은콩을 넣어 만든 두유
검은콩두유는 두유에 검은콩을 첨가해 만드는 것이 아니라 대두를 검은콩으로 대체해 만드는 거예요. 검은콩으로 기본 두유를 만드는 방법대로 하면 됩니다.

채소잼 만들기

자연식에서는 아침에 빵을 먹는 경우가 많습니다. 이때 활용할 수 있는 것이 제철에 미리 만들어두는 자연식 잼입니다. 제철 과일이나 채소 200~300g당 조청 3큰술 비율로 섞어 뭉근히 끓여 걸쭉하게 조리는데, 자연식 잼은 과일이나 채소의 당도만을 이용하거나 조청을 넣어 조리기 때문에 당도가 높지 않아 장기 보관하기는 어렵습니다. 가급적 빨리 드시는 게 좋습니다.

토마토잼

[재료] 토마토 3개(600g), 조청 5큰술

[만드는 법]
① 토마토는 깨끗이 씻어 꼭지 부분에 십자 모양으로 칼집을 낸 후 끓는 물에 데쳐 껍질을 벗긴다.
② 껍질 벗긴 토마토를 칼로 곱게 다진다.
③ 냄비에 다진 토마토를 넣고 조청을 섞어 센 불에 끓인다.
④ 한 번 끓어오르면 불을 줄여 나무 주걱으로 저어가며 걸쭉해질 때까지 뭉근히 조린다.

고구마잼

[재료] 고구마 3개(600g), 조청 5큰술, 시나몬가루 약간

[만드는 법]

① 고구마는 반 갈라 찜기에 넣어 푹 쪄 속을 한데 모은다.

② 볼에 찐 고구마 속을 넣고 곱게 부순다.

③ 냄비에 ②의 고구마와 조청을 넣고 약불에서 서서히 조린다.

④ 나무 주걱으로 잼이 되직하게 될 때까지 젓는다.

⑤ 잼을 떴을 때 약간 흘러내릴 정도가 되면 불을 끈다.

⑥ 마무리가 되면 잼 위에 시나몬가루를 조금 뿌린다.

⑦ 미리 소독 후 건조시킨 병에 완성된 잼을 담는다.

menu
마두유 **4**

menu
다시마쌈밥 **3**

menu
기장죽 **1**

menu
팥시루떡 **2**

겨울

월요일

기장죽과 마두유 밥상

기장죽 + 팥시루떡 + 다시마쌈밥 + 마두유 + 캐슈너트 + 배

바쁜 아침에는 조리법이 복잡한 메뉴는 다소 부담스럽기 마련이지요.
이럴 때 냉동실에 얼려둔 팥시루떡을 꺼내놓고, 전날 불려둔 기장으로
죽을 끓이고 다시마로 쌈을 싸서 밥상을 차려보세요. 조리법이 간단해
식사 준비 시간도 짧아진답니다. 다시마, 마, 밤 등의 항암 식품으로
구성되어 환자식으로도 손색없는 아침 밥상이랍니다.

기장
기장은 비타민 A와 B는 물론 잡곡
중에서도 당뇨와 암 치료에 탁월한
효과를 지닌 곡식입니다. 노란색이
식욕을 돋워 오곡밥에서도
빠지지 않지요. 다이어트에도
효과적입니다. 기장을 손질할 때는
빈 껍질을 잘 털어내세요.

Menu 1 기장죽

[재료] 기장 60g, 물 3컵

[만드는 법]
① 기장은 전날 저녁 깨끗이 씻어 불린다.
② 불린 기장을 믹서에 넣어 살짝 간다.
③ 냄비에 간 기장을 넣고 분량의 물을 부어 센 불로 끓인다.
④ 한소끔 끓어오르면 불을 줄여 쌀알이 퍼지도록 뭉근히 끓인다.

Menu 2 팥시루떡

[재료] 팥 150g, 현미찹쌀가루 · 멥쌀가루 1과 1/2컵씩, 소금 1/2작은술

[만드는 법]
① 팥은 삶아서 소금을 넣고 방망이로 찧어 준비한다.
② 현미찹쌀가루와 멥쌀가루를 반반씩 섞는다.
③ 찜기 바닥에 베보자기를 깔고 그 위에 ①의 팥을 깐다.
④ ③에 반반씩 섞은 현미찹쌀가루와 멥쌀가루를 깐 후 한 번 더 팥을 깔고 김이 나도록 푹 익힌다.
⑤ 떡이 익으면 불을 끄고 뜸 들인다. 젓가락을 찔러서 떡이 묻어나지 않으면 불을 끈다.

TIP 현미 대신 기장만으로 지은 밥
쌀을 넣지 않고 기장만으로 쑨 죽입니다. 기장만 넣은 죽이 다소 심심하게 느껴진다면 적당량의 고구마나 팥 등을 더해주세요. 기장에 팥을 더하면 몸의 부기를 빼는 데 효과적입니다.

TIP 팥은 애벌 삶고 한 번 더 삶아
팥을 제대로 삶으려면 먼저 팥이 잠길 만큼의 물을 부어 끓였다가 물을 버리고 다시 4배의 물을 부어 삶아야 합니다. 그래야 팥이 설익지 않고 푹 익습니다.

Menu 3 다시마쌈밥

[재료] 현미밥 2/3공기, 마른 다시마 13g, 쪽파 약간,
깨소금 1/2작은술, 아마씨유 1/4작은술

[만드는 법]
① 마른 다시마는 물에 한 번만 헹궈서 김 오른 찜기에 살짝 찐다.
② 찐 다시마를 정사각형 크기로 자른다.
③ 현미밥은 깨소금과 아마씨유를 넣어 버무린다.
④ 쌈밥을 고정시킬 끈으로 쓸 쪽파는 살짝 물에 데쳐 잎 부분만
따로 준비한다.
⑤ 양념한 밥을 한 입 크기로 빚어 다시마에 올리고 사방을 올려
데친 쪽파로 묶는다.

Menu 4 마두유

[재료] 마 60g, 대두 50g, 물 1과1/2컵

[만드는 법]
① 대두는 깨끗이 씻어 일어서 압력솥에 3배의 물을 붓고
삶는다.
② 압력솥의 추가 흔들리면 5분 뒤에 불을 끄고 김이 빠지고
나면 그 물까지 준비한다.
③ 마는 주방장갑을 끼고 필러로 껍질을 벗겨 적당한 크기로
자른다.
④ 믹서에 ②와 마를 넣고 분량의 물을 부어 곱게 간다.

TIP 현미밥 양념에 견과류를 더해도 좋아
현미밥에 고소한 맛을 더하고 싶다면
깨소금과 아마씨유 외에 잣가루 등의
견과류를 넣어 버무리세요. 혹은 현미밥을
지을 때 마른 다시마를 넣으면 다시마 향이
더해져 더욱 맛나요.

TIP 시중에서 판매하는 마는 '장마'
식용 마는 총 10종류가 있는데, 시중에서
판매하는 마는 주로 장마에 해당합니다.
장마는 가장 흔한 마로, 길이가 길고 수분
함량이 높은 편이지요. 두유 등에 넣어 갈아
먹기에도 좋아요.

menu **3**
과일찜

menu **4**
피스타치오두유

menu **1**
율무죽

menu **2**
단호박만주

겨울

화요일

율무죽과 피스타치오두유 밥상

율무죽 + 단호박만주 + 과일찜 + 피스타치오두유 + 호두 + 귤

환절기를 지나 겨울 초입에는 체력이 약해지기 쉽지요. 이때는
몸 안에서 스스로 만들 수 없는 필수지방산 섭취에 더욱 신경 써야 합니다.
견과류에는 필수지방산이 풍부하게 들어 있지요. 자연식에서 매일 아침
견과류를 꼭 챙겨 먹는 이유가 여기에 있습니다. 견과류는 그냥 먹어도
좋지만 요리에 활용하면 고소한 맛이 더욱 입맛을 돋우어요.

율무
율무는 부종과 비만에 특히 좋은
식재료입니다. 비타민 E와 양질의
단백질이 들어 있어 세포에 활력을
주고 노폐물을 배출해주지요. 율무의
게르마늄 성분은 각종 바이러스를
억제하고, 단백질 분해 효소는
항암 작용 기능이 있습니다. 가루를
내어 차로 즐겨도 좋습니다.

Menu 1 율무죽

[재료] 율무 40g, 물 3컵

[만드는 법]
① 율무는 전날 밤부터 충분한 물에 불린다.
② 불린 율무는 물과 함께 믹서에 간다.
③ 간 율무를 냄비에 넣고 분량의 물을 부어 센 불에 끓인다.
④ 한소끔 끓어오르면 불을 줄여 쌀알이 퍼지도록 뭉근히 끓인다.

Menu 2 단호박만주

[재료] 단호박 1/4개(150g), 꿀 1큰술, 계핏가루 1/4작은술, 잣 약간

[만드는 법]
① 단호박은 반달 모양으로 잘라 씨만 빼고 김 오른 찜기에 찐다.
② 찐 단호박은 살만 숟가락으로 파내고 껍질은 그릇에 남긴다.
③ 파낸 단호박 속살에 꿀 1/2큰술과 계핏가루를 넣어 잘 버무린다.
④ 버무린 속살을 ②의 단호박 껍질에 수북하게 모양을 잡아 채운 뒤 남은 꿀을 바른다.
⑤ 잣을 칼로 자근자근 다지거나 치즈갈이로 갈아 ④의 위에 듬뿍 뿌린 후 180℃로 예열한 오븐에 10분간 노릇하게 굽는다.

TIP **율무는 최소 5시간 이상 불려야**
입안에서 팝콘이 터지듯 특별한 식감의 율무는 최소 5시간 이상 불렸다 사용해야 먹기 좋습니다. 8시간 불렸다 사용하면 율무의 식감이 더욱 좋아요.

TIP **만주에 채소를 다져 넣어도 좋아**
단호박 속살에 당근, 파프리카 등의 채소를 다져 넣어도 좋아요. 잣가루와 캐슈너트 가루를 섞어 위에 뿌리면 더욱 고소하게 즐길 수 있습니다.

Menu 3 과일찜

[재료] 사과 1개(200g), 키위 1개(90g), 파인애플 70g,

청포도·적포도 6알씩, 방울토마토 6개, 레몬 20g, 꿀 4큰술

[만드는 법]

① 사과는 심 부분을 빼고 껍질을 벗겨 웨지 모양으로 자른다.

② 키위와 파인애플은 껍질을 벗겨 먹기 좋은 크기로 준비하고,
레몬은 슬라이스한다.

③ 청포도, 적포도, 방울토마토는 껍질째 사용하므로 깨끗이
씻는다.

④ 냄비에 준비한 과일을 모두 넣고 익힌다. 과일에서 나온 물이
자작해지면 불을 끈다.

⑤ 과일에서 나온 물만 덜어 꿀을 섞은 뒤, 과일 위에 뿌린다.

Menu 4 피스타치오두유

[재료] 피스타치오 20g, 대두 50g, 물 1과 1/2컵

[만드는 법]

① 대두는 깨끗이 씻어 일어서 압력솥에 3배의 물을 붓고
삶는다.

② 압력솥의 추가 흔들리면 5분 뒤에 불을 끄고 김이 빠지고
나면 그 물까지 준비한다.

③ 피스타치오는 껍질을 까고 적당한 크기로 다진다.

④ 믹서에 ②와 분량의 물을 넣고 곱게 갈아 두유를 만든다.

⑤ 완성된 두유 위에 다진 피스타치오를 올린다.

TIP 냄비에 물 없이 과일만 넣어 끓이기
설익은 과일은 배탈이 나기 십상이지요.
과일을 푹 끓이면 소화력도 높아집니다.
과일찜을 할 때는 냄비에 물 없이 과일만
넣어 익히는 게 중요해요. 과일에서 나온
수분만으로도 충분해요.

TIP 피스타치오는 속껍질째 다지기
견과류 중에서도 칼로리와 지방이 가장
적은 피스타치오는 속껍질을 벗기지 말고
함께 드세요. 불포화지방산과 비타민 B1,
칼륨, 철 등의 영양소가 속껍질에도 있기
때문이지요.

menu **3**
참나물떡샐러드

menu **4**
감두유

menu **1**
팥죽

menu **2**
은행단호박마늘구이

겨울

수요일

팥죽과 감두유 밥상

팥죽 + 은행단호박마늘구이 + 참나물떡샐러드 + 감두유 + 단감

몸을 따뜻하게 하는 팥은 겨울 식품입니다. 팥을 푹 삶아 새알심을 띄운
동지팥죽이 절기식으로 자리 잡은 데는 다 이유가 있기 마련이지요.
굳이 새알심을 띄우지 않더라도 팥만 있다면 집에서도 손쉽게 팥죽을
끓일 수 있답니다. 김이 모락모락 피어오르는 팥죽으로
겨울의 정취를 느껴보세요.

팥

비타민 B1 함유량이 높은 팥은
주식인 탄수화물의 대사를 돕는
역할을 합니다. 혈액순환을 촉진하고
혈관 내 지방 축적을 막아 피로
회복에도 효과가 좋지요.
팥은 녹말 성분이 많아 금세
눌어붙기 쉬우므로 죽을 끓일 때는
계속 저어주어야 합니다.

Menu 1 팥죽

[재료] 팥 80g, 현미 25g, 물 5컵, 소금 약간

[만드는 법]
① 현미를 4시간 정도 불린 뒤, 쌀알이 반 정도 남도록 절구에 찧거나 분쇄기에 간다.
② 팥은 깨끗이 씻은 뒤 5배 이상의 물을 붓고 푹 삶는다.
③ 냄비에 미리 불려 갈아놓은 현미와 삶은 팥을 넣고 분량의 물을 부어 센 불에 끓인다.
④ 끓어오르면 불을 줄여 쌀알이 퍼지도록 뭉근히 끓인다.
⑤ 죽이 부드럽게 완성되면 불을 끄고 식성에 따라 소금으로 간한다.

Menu 2 은행단호박마늘구이

[재료] 은행 10알, 단호박 50g, 마늘 2~3통, 포도씨유 약간

[만드는 법]
① 은행은 포도씨유를 두른 팬에 살짝 구워 키친타월로 문질러 속껍질을 벗긴다.
② 단호박은 깨끗이 씻어 6등분해 속만 파내고, 마늘은 통째로 윗부분만 살짝 자른다.
③ 단호박과 마늘은 180℃로 예열한 팬에 올려 15분간 굽는다.
④ 구운 단호박과 마늘을 담고, 속껍질 벗긴 은행을 꼬치에 꿰어 곁들인다.

TIP 삶은 팥은 껍질째 넣어야
간혹 팥의 껍질을 버리고 흰 앙금만 먹는 경우가 있는데, 팥 껍질에는 섬유질이 많으니 껍질째 이용하는 게 좋습니다. 팥을 삶을 때 압력솥을 이용할 예정이라면 굳이 미리 팥을 불릴 필요가 없어요.

TIP 오븐이 없다면 팬에 굽기
채소를 구울 때는 가능하면 오븐을 이용하는 게 좋아요. 영양소 파괴를 줄일뿐더러 당도 및 소화 흡수도 높아지지요. 오븐이 없다면 팬에 포도씨유를 약간 두르고 각각 구워내세요.

Menu 3 참나물떡샐러드

[재료] 현미절편 100g, 양배추 · 적채 20g씩, 참나물 10g
[매실청 소스] 매실청 3큰술, 물 1큰술

[만드는 법]
① 현미절편은 2.5cm 길이로 잘라 160℃로 예열한 오븐에서 15분간 굽는다.
② 양배추와 적채는 얇게 채 썬다. 참나물은 먹기 적당한 크기로 손으로 뜯는다.
③ 매실청과 물을 섞어 매실청 소스를 만든다.
④ 그릇에 양배추와 적채, 참나물을 담고 구운 현미절편을 올린 뒤 매실청 소스를 뿌린다.

Menu 4 감두유

[재료] 감 1/3개(약 70g), 대두 50g, 물 1과 1/2컵

[만드는 법]
① 대두는 깨끗이 씻어 일어서 압력솥에 3배의 물을 붓고 삶는다.
② 압력솥의 추가 흔들리면 5분 뒤에 불을 끄고 김이 빠지고 나면 그 물까지 준비한다.
③ 감은 껍질을 벗기고 적당한 크기로 자른다.
④ 믹서에 ②와 감을 넣고 분량의 물을 부어 곱게 간다.

TIP 냉동 떡은 오븐에서 해동해야
냉동실에 보관해둔 떡이 있다면 오븐에 구워내세요. 전자레인지나 팬에 구운 것보다 겉은 바삭하고 속은 촉촉하답니다.

TIP 단감은 껍질째, 땡감은 껍질을 제거
감두유를 만들 때 감의 상태에 따라 껍질을 넣을지 뺄지를 결정하세요. 감 껍질에는 비타민 성분이 많지만 단감이 아니라면 떫은맛이 강하지요. 땡감은 소금물에 일주일가량 담가두면 단감으로 숙성되어요.

menu **3**
밤인삼잼과 현미가래떡

menu **2**
현미찰떡김말이

menu **1**
해초죽

menu **4**
해바라기씨두유

겨울

목요일

해초죽과 해바라기씨두유 밥상

해초죽 + 현미찰떡김말이 + 밤인삼잼과 현미가래떡 + 해바라기씨두유 + 아몬드 + 딸기

해조류는 겨울 영양의 보고입니다. 무기질, 비타민, 미네랄,
식이섬유 등이 풍부해 생채소가 나지 않는 겨울 동안 식탁에 생기를
주지요. 해조류는 찬바람이 부는 계절에 더욱 맛이 좋은데,
특히 해초죽은 겨울철에 부족해지기 쉬운 비타민을 섭취할 수 있는
훌륭한 메뉴입니다. 세포 기능을 활성화시키고 피를 맑게 해줍니다.

김
겨울이 제철인 김은 우리나라 고유
식품이자 고단백 식품이지요.
김 5장에 달걀 1개 양의 단백질이
함유되어 있습니다. 필수아미노산을
비롯해 비타민과 콜레스테롤을
몸 밖으로 배출하는 성분도 있어
이상적인 식품으로 알려져 있습니다.

Menu 1 해초죽

[재료] 마른 미역 2g, 현미 30g, 물 3컵

[만드는 법]
① 현미를 4시간 정도 불린 뒤, 쌀알이 반 정도 남도록 절구에 찧거나 분쇄기에 간다.
② 마른 미역은 물에 부드럽게 불려 깨끗이 씻은 후 잘 다진다.
③ 미리 갈아 놓은 현미와 다진 미역을 냄비에 넣고 분량의 물을 부어 센 불에 끓인다.
④ 한소끔 끓어오르면 불을 줄여 쌀알이 퍼지도록 뭉근히 끓인다.

Menu 2 현미찰떡김말이

[재료] 현미찹쌀 가래떡 1줄, 김 A4 크기 1장, 올리브유 1큰술

[만드는 법]
① 냉동실에 보관해둔 현미찹쌀 가래떡을 상온에 10분 이상 두어 녹인 뒤 적당한 크기로 자른다.
② 요리붓으로 현미찹쌀 가래떡에 올리브유를 살짝 바른다.
③ 현미찹쌀 가래떡을 기름을 두르지 않은 팬에 굴려가며 굽고, 김도 살짝 굽는다.
④ 구운 김을 4cm 폭으로 잘라 구운 현미찹쌀 가래떡에 한 장씩 감싼다. 찹쌀떡이라 김이 잘 고정된다.

TIP 미역은 잘게 다져 넣어야
해초죽에 넣는 미역은 잘게 다져 넣어야 먹기가 편하지요. 미역이 너무 길면 현미죽과 잘 어우러지지 않으니 주의하세요.

TIP 현미찹쌀 가래떡은 냉동 보관했다 사용
현미찹쌀 가래떡은 떡집에서 찾아오면 곧바로 적당한 크기로 잘라 냉동실에 보관하세요. 말랑할 때 냉동시킨 떡은 상온에서 녹이기만 해도 다시 말랑말랑해져 그대로 먹어도 되어요.

Menu 3 밤인삼잼과 현미가래떡

[재료] 현미 가래떡 1줄, 밤 6톨(90g), 인삼 30g, 조청 2큰술

[만드는 법]
① 밤은 속껍질까지 벗겨 잘게 채 썬다.
② 인삼은 깨끗이 씻은 후 잘게 채 썬다.
③ 냄비에 밤 채와 인삼 채를 담고 조청을 넣어 뭉근히 조린다.
④ 완성되면 가래떡이나 빵 등에 발라 먹는다.

Menu 4 해바라기씨두유

[재료] 해바라기 씨 20g, 대두 50g, 물 1과 1/2컵

[만드는 법]
① 대두는 깨끗이 씻어 일어서 압력솥에 3배의 물을 붓고 삶는다.
② 압력솥의 추가 흔들리면 5분 뒤에 불을 끄고 김이 빠지고 나면 그 물까지 준비한다.
③ 해바라기 씨는 생것 그대로 준비해 기름 없는 팬에 살짝 볶아 분쇄기로 가루를 낸다.
④ 믹서에 ②와 분량의 물, 가루낸 해바라기 씨를 넣고 곱게 갈아 두유를 만든다.

TIP 딱딱한 재료는 채 썰어 넣기
밤, 인삼과 같은 딱딱한 재료는 얇게 슬라이스를 하거나 채를 썰어 잼을 만드세요. 잼을 먹을 때 씹히는 식감이 좋아요.

TIP 해바라기 씨는 먹기 직전에 볶아 사용
해바라기 씨 등의 씨앗과 견과류는 생것으로 구입해 필요할 때마다 볶아 사용해야 영양 손실을 막을 수 있습니다. 해바라기 씨를 볶아 분쇄기에 한 번 드르륵 갈아 넣어도 고소하답니다.

menu 4

호두두유

menu 3

과일백김치

menu 2

민들레시럽과 통밀바게트

menu 1

닭맛죽

겨울

금요일

닭맛죽과 호두두유 밥상

닭맛죽 + 민들레시럽과 통밀바게트 + 과일백김치 + 호두두유 + 캐슈너트 + 사과

겨울 아침 식사는 따뜻하게 즐기는 게 좋습니다. 오늘은 깔끔한 죽이나
수프 대신 여러 가지 재료를 넣어 든든하게 만든 영양죽으로 밥상을
차려봅니다. 인삼, 대추, 밤 등 보양 재료가 듬뿍 들어간 죽이 허한 속을
꽉 채워줄 거예요. 배와 사과, 석류 등의 과일로 만든 시원한 백김치도
입안을 상쾌하게 만들어주지요.

호두
고단백, 고지방 식품인 호두는 너무
많이 먹으면 소화가 안 되고 설사를
일으킬 수 있으므로 하루 2알
섭취가 적당합니다. 또한 성질이
따뜻하기 때문에 체열이 많은
사람은 적게 먹는 편이 좋습니다.

Menu 1 닭맛죽

[재료] 불린 현미 50g, 수삼 1뿌리, 새송이버섯 1/2개, 은행 5알,
밤 2톨, 마늘 2쪽, 대추 2알, 채소국물 2컵, 다진 파·소금 약간씩

[만드는 법]
① 수삼은 잔털을 제거하고 은행과 마늘, 대추는 깨끗이
손질한다. 밤은 속껍질을 벗겨 먹기 좋은 크기로 자른다.
② 새송이버섯은 결대로 적당하게 찢는다.
③ 압력솥에 불린 현미를 담고 다진 파와 소금을 제외한 나머지
모든 재료를 올린 뒤 채소국물을 부어 죽을 짓는다.
④ 압력솥 추가 흔들리기 시작하면 불을 약하게 줄인 뒤 3분간
더 끓여 불을 끄고 김이 빠져나갈 때까지 뜸을 들인다.
⑤ 소금을 간해 그릇에 담고 다진 파를 올린다.

Menu 2 민들레시럽과 통밀바게트

[재료] 통밀바게트 1/3개(80g), 단풍 시럽 2큰술,
민들레가루·시나몬가루 약간씩

[만드는 법]
① 통밀바게트를 먹기 좋은 크기로 썬다.
② 요리붓으로 통밀바게트 한 면에 단풍 시럽을 꼼꼼히 바른다.
③ 민들레가루와 시나몬가루를 잘 섞어 ②에 뿌린다.
④ 180℃로 예열한 오븐에 10분간 굽는다.

TIP 새송이버섯은 처음부터 넣어 끓이기
평소 요리의 끝부분에 넣는 새송이버섯도
닭맛죽에서는 여러 재료와 함께 넣어
끓입니다. 버섯을 오래 끓이면 쫄깃한
식감이 더해져 닭고기를 씹는 듯한 느낌이
납니다.

TIP 민들레가루는 단풍 시럽 양의 절반만
제철에 피는 꽃과 곡식 등은 햇볕에 잘
말려 가루를 내어두면 쓸 곳이 많아집니다.
기침과 천식에 좋은 민들레가루는 차로,
요리 가루로 쓰지요. 시럽을 만들 때는
2배 이상의 단풍 시럽을 넣어주세요.

Menu 3 과일백김치

[재료] 배추 잎 4~5장(120g), 배 1/4개(100g), 사과 1/4개(50g),
미나리 1/2줌(25g), 레몬 1개, 밤 2톨, 마늘 1쪽, 석류알 조금,
소금 1큰술, 물 2컵

[만드는 법]
① 배추 잎과 미나리는 씻어 먹기 좋은 크기로 썰고, 배와
사과는 껍질째 씻어 얇게 썰어 3등분한다.
② 레몬은 모양대로 3조각만 슬라이스한다. 밤은 속껍질까지
깨끗이 제거해 얇게 썬다.
③ 마늘은 다져 볼에 담고 남은 레몬을 즙으로 꼭 짜 섞는다.
④ 큰 볼에 손질한 모든 재료를 담고 ③을 베보자기에 꼭 짜
거른 즙을 뿌린다.
⑤ ④에 물을 부어 잘 섞고 석류알을 넣는다. 소금으로 간해
밀폐 용기에 담아 냉장 보관한다.

Menu 4 호두두유

[재료] 호두 20g, 대두 50g, 물 1과 1/2컵

[만드는 법]
① 대두는 깨끗이 씻어 일어서 압력솥에 3배의 물을 붓고
삶는다.
② 압력솥의 추가 흔들리면 5분 뒤에 불을 끄고 김이 빠지고
나면 그 물까지 준비한다.
③ 호두는 겉껍질만 까고 칼날로 자근자근 다지거나 분쇄기에
갈아 준비한다.
④ 믹서에 ②를 넣고 분량의 물을 부어 곱게 갈아 두유를
만든다.
⑤ 두유에 다진 호두를 넣어 마신다.

TIP **미나리를 넣으면 향긋함도 더해져**
젓갈과 고춧가루를 넣지 않고 과일로 만든
산뜻한 백김치예요. 부드럽고 연한 한재
미나리를 넣으면 향긋한 풍미가 더해져
입맛이 돌지요.

TIP **속껍질 제거에는 뜨거운 물 활용**
부드러운 호두두유를 원한다면 속껍질을
제거해 넣어도 좋아요. 호두 속껍질은
뜨거운 물에 잠시 담갔다 대꼬치로 벗기면
되어요. 너무 오래 담가두면 불어서 오히려
더 벗기기 힘들어집니다.

menu **1**
렌틸콩죽

menu **2**
감자그라탱

menu **3**
가지찜

menu **4**
참깨두유

겨울

토요일

렌틸콩죽과 참깨두유 밥상

렌틸콩죽 + 감자그라탱 + 가지찜 + 참깨두유 + 찐 옥수수 + 귤

주말 아침은 왠지 특별한 메뉴를 즐기고 싶어지지요. 사실 자연식에서는
정해진 메뉴를 따라 하다보면 조금은 비슷비슷한 식단에 물릴 수도 있습니다.
이럴 때는 특별 메뉴를 한 가지 추가해 밥상의 분위기를 바꿔보아요. 오늘의
특별 메뉴는 렌틸콩죽과 감자그라탱입니다. 고소한 맛의 참깨두유와 겨울이
제철인 귤을 함께 올립니다.

렌틸콩

'렌즈콩'으로도 불리는 렌틸콩은
미국 건강 전문지 <헬스>에서
세계 5대 건강식품으로 꼽은
건강식품이기도 합니다. 바나나의
10배에 달하는 식이섬유가 함유된
고단백 저칼로리 식품으로, 달지
않고 고소한 맛이 특징입니다.
면역력 증강, 항암 작용, 콜레스테롤
수치 저하 등에 효과적입니다.

Menu 1 렌틸콩죽

[재료] 렌틸콩 20g, 현미 30g, 물 3컵

‥‥‥‥‥‥‥‥‥‥‥‥‥‥‥‥‥‥‥‥‥‥‥‥

[만드는 법]
① 현미를 4시간 정도 불린 뒤, 쌀알이 반 정도 남도록 절구에 찧거나 분쇄기에 간다.
② 렌틸콩은 부드럽게 불려 깨끗이 씻는다.
③ 미리 갈아놓은 현미와 불린 렌틸콩을 냄비에 넣고 물을 부어 센 불에 끓인다.
④ 한소끔 끓어오르면 불을 줄여 나무 주걱으로 저어가며 쌀알이 퍼지도록 뭉근히 끓인다.

Menu 2 감자그라탱

[재료] 감자 1개(150g), 브로콜리·양파·홍피망 20g씩, 포도씨유 약간
[마요네즈 소스] 캐슈너트 2큰술, 물 1과 1/2큰술, 꿀·레몬즙 1/2큰술씩, 다진 양파·올리브유 1/2작은술씩, 가루간장·다진 마늘 약간씩

‥‥‥‥‥‥‥‥‥‥‥‥‥‥‥‥‥‥‥‥‥‥‥‥

[만드는 법]
① 감자는 깨끗이 씻어 껍질을 벗긴 후 삶아 으깬다.
브로콜리는 소금을 조금 넣은 끓는 물에 데쳐 찬물에 헹군 후 작은 송이로 떼어놓는다.
② 양파는 껍질을 벗겨 사방 1cm 크기 정도로 깍둑 썰고, 홍피망은 꼭지를 떼고 씨를 뺀 다음 양파와 같은 크기로 썬다.
③ 믹서에 마요네즈 소스 재료를 넣고 곱게 간다.
④ 오븐 접시에 포도씨유를 바르고 삶아 으깬 감자를 펼친다.
⑤ ④ 위에 브로콜리와 양파, 홍피망을 올리고 마요네즈 소스를 충분히 끼얹는다.
⑥ 180℃로 예열한 오븐에 10분 정도 굽는다.

TIP 잡곡은 되도록 껍질까지 조리
잡곡은 되도록 껍질까지 조리해 먹는 것이 좋습니다. 인체에 유익한 섬유질과 다양한 색소들이 껍질에 집중되어 있기 때문이지요. 껍질의 거친 식감은 믹서에 곱게 갈면 대부분 사라져요.

TIP 오븐 접시에 꼭 포도씨유를 발라야
그라탱을 할 때는 오븐 접시에 포도씨유부터 발라야 재료가 접시에 붙지 않고 쉽게 타지 않아요. 포도씨유는 살짝만 발라줘야 느끼하지 않아요.

Menu 3 가지찜

[재료] 가지 1개(140g)

[양념] 채소국물 1컵, 양파 1/5개(40g), 다진 파 4작은술,
다진 마늘 · 가루간장 · 고춧가루 1큰술씩, 현미 깨기름 1작은술

* 현미 깨기름(1컵 기준) 깨소금 2큰술, 현미유 1컵

[만드는 법]
① 가지는 반 갈라 사각 모양이 되도록 칼집을 넣는다.
② 칼집 낸 가지를 찜기에 넣어 한 김 익힌다.
③ 양파는 각각 잘게 다진다.
④ 볼에 다진 양파와 다진 파, 남은 재료를 모두 넣어 양념을
만든다.
⑤ 가지에 양념을 끼얹은 뒤 찜기에 넣어 한 번 더 익힌다.

Menu 4 참깨두유

[재료] 참깨 20g, 대두 50g, 물 1과 1/2컵

[만드는 법]
① 대두는 깨끗이 씻어 일어서 압력솥에 3배의 물을 붓고
삶는다.
② 압력솥의 추가 흔들리면 5분 뒤에 불을 끄고 김이 빠지고
나면 그 물까지 준비한다.
③ 참깨는 기름 없는 팬에 살짝 볶아 분쇄기에 간다.
④ 믹서에 ②와 분량의 물을 넣고 곱게 갈아 두유를 만든다.
⑤ 완성된 두유에 간 참깨를 올린다.

TIP **가지는 반 갈라 칼집 넣기**
가지찜에 넣을 가지는 길이대로 반 잘라
칼집부터 넣어주세요. 가지에 칼집을
넣으면 양념이 사이사이에 잘 밸 수 있어요.

TIP **참깨는 볶으면 더욱 고소해져**
참깨의 고소한 향과 맛은 어느 식품과도
비할 바가 아니지요. 두유를 고소하게
즐기고 싶다면 참깨를 팬에 볶아 분쇄기에
살짝 갈아 넣고, 아니면 살짝 볶은 참깨를
그대로 넣어 먹어도 됩니다.

menu **3**
깻잎장아찌

menu **4**
캐슈너트두유

menu **2**
배추말이만두

menu **1**
떡국

겨울

일요일

떡국과 캐슈너트두유 밥상

떡국 + 배추말이만두 + 깻잎장아찌 + 캐슈너트두유 + 콜라비 + 자몽

추운 날씨로 집에 머무는 시간이 길어지는 휴일 아침에는 별미를
즐기기 좋습니다. 죽이나 수프를 대신해 현미떡으로 만든 떡국을
끓이고, 간단한 떡과 빵 대신 배추 잎에 속재료를 돌돌 말아내는
배추말이만두를 내어봅니다. 다진 홍고추로 매운맛을 더한
깻잎장아찌도 겨울의 아침 밥상을 빛내줍니다.

배추
자연식에서 배추는 여러모로 쓸모 많은
식재료입니다. 김치는 물론, 국, 나물, 전,
만두로 다양하게 즐길 수 있지요. 특히
두부와 함께 먹으면 배추의 비타민 C와
두부의 식물성 단백질을 함께 섭취할 수
있답니다. 장운동을 촉진시켜 움직임이
덜한 겨울에 꼭 챙겨야 할 식품입니다.

Menu 1 떡국

[재료] 현미떡국 떡 160g, 대파 흰 부분 15cm, 채소국물 3컵,
다진 마늘·깨소금 1작은술씩, 가루간장 약간

[만드는 법]
① 현미떡국 떡은 깨끗이 씻어 준비한다.
② 대파는 어슷썰기를 한다.
③ 냄비에 채소국물을 넣고 끓이다 부르르 끓으면 현미떡국
떡을 넣고 젓는다.
④ ③에 가루간장과 다진 마늘을 넣고 간한다.
⑤ 현미떡국 떡이 반쯤 익을 때 어슷 썬 대파와 깨소금을 넣고
한소끔 더 끓여 담는다.

Menu 2 배추말이만두

[재료] 배추 잎 16장, 덧밀가루 약간
[소] 두부 1/3모(100g), 베지버거 50g, 양파 1/4개(50g), 표고버섯 1과
1/2개(약 40g), 느타리버섯·부추 1/2줌(25g)씩, 당근 20g,
다진 파 4큰술, 다진 마늘·가루간장 2/3큰술씩, 후춧가루 약간

[만드는 법]
① 배추 잎은 끓는 물에 살짝 데쳐 찬물에 헹군 뒤 키친타월로
가볍게 눌러 물기를 제거한다.
② 물기를 제거한 배추 잎은 평평하게 펴 덧밀가루를 뿌린다.
두부는 물기를 빼고 으깬다.
③ 베지버거와 양파, 표고버섯, 느타리버섯, 부추, 당근은
모두 잘게 다진다.
④ 볼에 으깬 두부와 ③을 담은 뒤 다진 파, 다진 마늘,
가루간장, 후춧가루를 넣고 잘 섞어 만두 소를 만든다.
⑤ ②의 배추 잎에 만두 소를 넣고 돌돌 만다.
⑥ 김 오른 찜기에 ⑤를 넣고 10~15분간 찐다.

TIP **현미떡국은 뚜껑을 열고 끓여야**
현미떡국을 만들 때 뚜껑을 닫고 끓이면
떡이 퍼져버려 맛이 없어집니다. 오래
끓이는 것도 피해주세요. 국물 위로 떡이
하나둘 떠오르기 시작하면 바로 불을
끄세요.

TIP **배추 잎에 덧밀가루는 살살 털어 찌기**
배추 잎에 덧밀가루를 너무 많이 묻히면
맛이 퍽퍽합니다. 덧밀가루를 뿌린 뒤
배추 잎을 살살 털어 사용하세요.

Menu 3 깻잎장아찌

[재료] 깻잎 30장, 매실청·물 1/2컵씩, 굵은 소금 1큰술,
다진 생강 1과 1/2작은술, 다진 홍고추 약간

[만드는 법]
① 깻잎은 씻어 물기를 뺀다.
② 볼에 매실청, 물, 굵은 소금, 다진 생강, 다진 홍고추를 넣고
고루 섞는다.
③ 밀폐용기에 깻잎을 담고 ②를 부은 뒤 돌로 누른 다음 냉장
보관한다.
④ 3일 후 장아찌 물만 따라 팔팔 끓인 뒤 식혀 다시 붓는다.

Menu 4 캐슈너트두유

[재료] 캐슈너트 30g, 대두 50g, 물 1과 1/2컵

[만드는 법]
① 대두는 깨끗이 씻어 일어서 압력솥에 3배의 물을 붓고
삶는다.
② 압력솥의 추가 흔들리면 5분 뒤에 불을 끄고 김이 빠지고
나면 그 물까지 준비한다.
③ 캐슈너트는 기름을 두르지 않은 팬에 볶는다.
④ 믹서에 ②와 캐슈너트를 넣고 분량의 물을 부어 곱게 간다.

TIP 장아찌 국물은 매실청과 소금으로
매실청을 넣어 새콤달콤한 깻잎장아찌예요.
장아찌를 담글 때 매실청과 소금만으로
국물을 내면 끓인 간장 특유의 누린 맛이
나지 않아 한결 산뜻합니다.

TIP 캐슈너트는 볶아서 다져야
캐슈너트는 팬에 한 번 볶아주면 습기가
제거되어 더욱 고소해져요. 두유를 더 맛있게
먹고 싶다면 캐슈너트를 볶은 뒤 다져서 함께
갈아주세요.

채소국물 내기

채소국물

[재료(10인분)] 무 200g, 양파 1개(200g), 말린 표고버섯 30g, 다시마 20g, 물 12와 1/2컵

[만드는 법]
① 무와 양파는 손질해 적당한 크기로 자른다.
② 말린 표고버섯과 다시마는 젖은 면보로 표면을 닦는다.
③ 냄비에 무를 시작으로 양파, 말린 표고버섯을 넣고 물을 부어 20분간 팔팔 끓인다.
④ 팔팔 끓으면 10분간 끓이다가 불을 끈다.
⑤ ④에 다시마를 넣고 5분 정도 두었다가 체에 건더기를 걸러 국물만 받는다.
⑥ 완성된 채소국물은 밀폐 용기에 담아 냉장 보관한다.

자연식에서 채소국물은 죽이나 국, 볶음 등의 기본 국물이자 대부분 소스의 베이스가 됩니다. 요리에 채소국물을 사용하면 특유의 감칠맛을 낼 수 있지요. 정해진 재료보다는 냉장고에 있는 자투리 채소를 넣어 끓이면 됩니다. 흔히 들어가는 채소는 무, 양파, 표고버섯, 다시마입니다. 한번 만든 채소국물은 국물만 거른 뒤 냉장고에서 3~4일간 보관해 사용할 수 있답니다. 냉장보관 시에는 다시마에서 비린내가 생길 수 있으니 비린내에 예민하다면 그때그때 끓여 먹기를 권합니다.

한식으로 차리는
점심 밥상

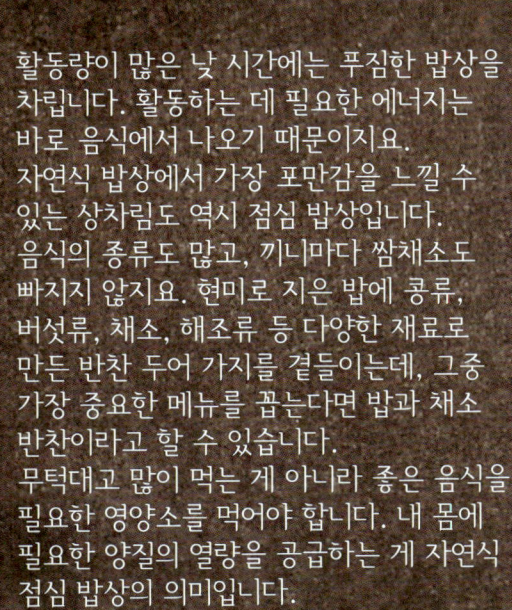

활동량이 많은 낮 시간에는 푸짐한 밥상을
차립니다. 활동하는 데 필요한 에너지는
바로 음식에서 나오기 때문이지요.
자연식 밥상에서 가장 포만감을 느낄 수
있는 상차림도 역시 점심 밥상입니다.
음식의 종류도 많고, 끼니마다 쌈채소도
빠지지 않지요. 현미로 지은 밥에 콩류,
버섯류, 채소, 해조류 등 다양한 재료로
만든 반찬 두어 가지를 곁들이는데, 그중
가장 중요한 메뉴를 꼽는다면 밥과 채소
반찬이라고 할 수 있습니다.
무턱대고 많이 먹는 게 아니라 좋은 음식을,
필요한 영양소를 먹어야 합니다. 내 몸에
필요한 양질의 열량을 공급하는 게 자연식
점심 밥상의 의미입니다.

자연식 점심 밥상의 핵심은 밥과
국, 반찬 2가지, 그리고 채소로
압축됩니다. 여기서 중요한 건,
국을 포함해 반찬은 3가지를 넘지
않도록 하는 일입니다. 대신 쌈채소는
항상 곁들여야 하지요. 다양한 음식을
먹기보다 필요한 영양소를 충분히
섭취하는 게 점심 밥상의
핵심입니다.

menu 3
반찬 1

menu 4
반찬 2

menu 1
밥

menu 2
국 · 찜 · 조림

점심 밥상 식단 짜기

밥 + 국/찜/조림 + 반찬 1 + 반찬 2 (+ 쌈채소 + 과일)

 밥

점심 밥상의 기본은 현미밥입니다. 소화가 잘
되는 현미에 각양각색의 제철 재료를 더해
잡곡밥이나 나물밥, 비빔밥, 쌈밥, 덮밥, 초밥
등을 만들어 먹습니다. 특히 입맛이 없는
여름에는 쌈밥과 초밥 등이 단연 돋보이지요.
수수, 기장, 보리, 옥수수, 팥, 은행, 연근
등 넣는 재료만 달리해도 색상부터 맛까지
완벽하게 다른 별미 밥이 완성됩니다.

 반찬 1

자연식 밥상의 반찬은 대부분 채소를 활용한
메뉴입니다. 전, 조림, 볶음, 찜, 장조림, 튀김 등
같은 채소라도 조리법을 달리하면 그 맛도 달리
느껴지지요. 특히 전이나 튀김, 볶음처럼 열량이
높은 음식은 오직 점심 밥상에서만 맛볼 수
있습니다. 아침과 저녁 밥상에 비해 점심 밥상이
좀 더 풍성해 보이는 이유이기도 합니다.

 국/찜/조림

밥이 현미를 베이스로 한다면 국은 자투리
채소를 넣어 우려낸 채소국물을 베이스로
합니다. 채소의 깊은 맛이 우러나 감칠맛을
더하지요. 국 또는 전골, 찌개 모두 채소국물을
사용하면 그 맛이 더욱 좋습니다. 자연식에서
고기와 생선 대신 밥상에 올리는 밀고기 메뉴를
준비한 날에는 국 메뉴를 빼도 무방합니다.

 반찬 2

각양각색의 나물과 즉석에서 무쳐 먹는 겉절이와
묵, 간단한 조림 음식도 자연식 점심 밥상에
빠지지 않는 메뉴들입니다. 채소 외에 다시마와
미역, 김 등의 해조류도 반찬은 물론 쌈채소처럼
활용하기도 하지요. 채소국물과 가루간장에
조려낸 각종 조림과 짜지 않게 담그는 장아찌도
두고두고 즐겨 먹는 메뉴입니다.

 쌈채소와 과일

아침 밥상에 견과류가 오르듯, 점심 밥상에는 소화를 돕는 다양한 제철의 쌈채소와 과일이 함께 오릅니다. 제철
쌈채소로 반찬을 싸서 먹어도 좋고, 쌈채소만 입가심처럼 맛봐도 좋습니다. 점심 밥상에 과일을 올릴 요량이라면
쌈채소와 함께 먹어도 소화가 잘 되는 토마토, 참외, 멜론, 수박 등의 제철 과일이 적당합니다.

menu **2**
콩나물국

menu **4**
달래무침

menu **1**
쑥밥

menu **3**
무순말이밀고기

봄

월요일

쑥밥과 콩나물국 밥상

쑥밥 + 콩나물국 + 무순말이밀고기 + 달래무침 + 쌈채소 + 오렌지

봄나물은 대부분 맛과 향이 진합니다. 봄날의 새순은 효능으로 따진다면
산나물이라기보다는 '약재'에 가깝습니다. 봄과 함께 솟아나는 생명력이
우리 몸에 전해져 활력을 주지요. 끼니마다 봄나물 한두 가지씩 올리면
밥상에 활기가 넘칩니다. 오늘은 쌉싸름한 달래무침을 함께 냅니다.

달래

이른 봄에 맛볼 수 있는 달래는
고추장, 간장 양념에 무쳐 먹거나
찌개에 넣어 먹기 좋지요. 톡 쏘는
매운맛은 알뿌리가 굵을수록
강한데, 알뿌리가 너무 커도 맛이
덜하니 주의하세요. 비타민과
무기질, 칼슘이 풍부해 춘곤증과
동맥경화 예방에 효과적입니다.

Menu 1 쑥밥

[재료] 쑥 2줌(50g), 현미 · 현미찹쌀 1/2컵씩, 물 2컵

[만드는 법]
① 현미와 현미찹쌀을 섞어 충분히 불린다.
② 쑥은 깨끗이 씻어 물기를 뺀 뒤 잘게 썬다.
③ 밥솥에 불린 현미와 현미찹쌀을 담고 물을 잡아 밥을 짓는다.
④ ③의 밥이 다 지어지면 마지막에 쑥을 넣고 뚜껑을 닫아 한 김 올린다.
⑤ 밥이 다 지어지면 고루 섞어 그릇에 담는다.

TIP 쑥은 밥을 뜸 들인 뒤 넣어야
미리 쑥을 넣고 밥을 지으면 쑥물이 밥에 다 빠져 씁쓸한 맛이 날 수 있어요. 뜸 들인 후 쑥을 넣어야 색도 곱고 쑥 향이 은은히 배어난답니다.

Menu 2 콩나물국

[재료] 콩나물 1줌(50g), 홍고추 1개, 실파 1뿌리, 채소국물 2와 1/2컵, 다진 마늘 · 천일염 1/4작은술씩

[만드는 법]
① 콩나물은 다듬은 뒤 깨끗이 씻어 물기를 뺀다.
② 홍고추는 얇게 어슷 썰고 실파는 송송 썬다.
③ 냄비에 채소국물을 담고 콩나물을 넣은 뒤 냄비 뚜껑을 덮어 끓인다.
④ 한숨 끓으면 뚜껑을 열고 준비한 홍고추와 실파를 넣는다.
⑤ 다진 마늘을 넣고 천일염으로 간한 후 불을 끈다.

TIP 콩나물을 넣은 후에는 냄비 뚜껑 닫기
콩나물국을 끓일 때는 처음부터 끝까지 냄비 뚜껑을 닫고 끓여야 해요. 중간에 뚜껑을 열면 콩나물의 비린 맛이 국에 그대로 남아요.

Menu 3 무순말이밀고기

[재료] 소고기 맛 밀고기 반죽(242쪽 참조) 100g, 무순 2줌(40g),
현미찹쌀가루 15g, 포도씨유 약간
[간장 양념] 조청 1과 1/2큰술, 가루간장 · 매실청 1큰술씩, 다진 마늘 ·
다진 양파 · 생강즙 1/4작은술씩, 다진 잣 · 아마씨유 · 후춧가루 약간씩

[만드는 법]
① 무순은 흐르는 물에 씻어 체에 밭쳐 물기를 뺀다.
② 소고기 맛 밀고기 반죽을 소시지처럼 길게 빚어 적당한 크기로
토막 낸 다음 얇게 펼쳐 앞뒤로 현미찹쌀가루를 살짝 묻힌다.
③ 찹쌀가루옷을 입힌 밀고기를 포도씨유 두른 팬에 앞뒤로 굽는다.
④ 볼에 분량의 재료를 모두 섞어 간장 양념을 만든다.
⑤ 요리붓으로 구운 밀고기에 양념을 발라가며 앞뒤로 굽는다.
⑥ ⑤를 한 장씩 펴 무순을 올린 뒤 돌돌 말아 꼬치로 고정한다.

TIP 무순의 물기를 확실히 없애야
밀고기로 무순을 말기 위해서는 무순의 물기를
확실히 없애는 게 중요해요. 자칫 무순의 물기가
밀고기를 눅눅하게 만들 수 있답니다.

Menu 4 달래무침

[재료] 달래 7뿌리(70g), 더덕 4뿌리(80g)
[양념] 고추장 · 매실액 · 통깨 1/2작은술씩, 아마씨유 1/2큰술,
가루간장 1/4작은술

[만드는 법]
① 달래는 뿌리 부분을 깨끗이 정리해 먹기 좋은 크기로 자른다.
② 더덕은 껍질을 벗긴 다음 방망이로 두들겨서 부드럽게 만들고
손으로 얇게 찢는다.
③ 분량의 재료를 섞어 양념장을 만든다.
④ 볼에 달래와 더덕을 담고 양념장을 넣어 버무린다.

TIP 달래와 더덕의 향이 잘 어울려
달래와 더덕을 함께 무쳐내면 그 향이 어우러져
더 맛나지요. 더덕을 요리할 때는 껍질을 벗긴
뒤 반드시 방망이로 두드려야 부드럽게 즐길 수
있답니다.

menu
죽순전 **4**

menu
얼갈이물김치 **2**

menu
두부카나페 **3**

menu
취나물밥 **1**

봄

화요일

취나물밥과 얼갈이물김치 밥상

취나물밥 + 얼갈이물김치 + 두부카나페 + 죽순전 + 쌈채소 + 참다래

산과 바다에서 나는 나물로 차린 밥상입니다. 자연에서 자란 나물은
생명력이 넘치지요. 음식이란 꼭 영양만을 위해 먹는 것이 아닙니다.
그 안에 깃든 재료의 생명력도 함께 섭취해 몸과 마음을 튼튼하게
해야 합니다. 자연식의 생명력이야말로 질병에서 우리 몸을
예방하고 지키는 힘이지요.

말린 취나물
'산나물의 왕'으로 불리는
취나물에는 당분과 단백질, 미네랄,
비타민이 고루 들어 있지요. 하지만
수산 함유량도 높아 생으로 먹으면
몸속 칼슘과 결합되어 결석이 생길
수도 있습니다. 취나물을 살짝
데치면 끓는 물에 수산이 제거되어
걱정 없이 먹을 수 있답니다.

Menu 1 취나물밥

[재료] 말린 취나물 3~4줌(100g), 현미 · 현미찹쌀 1/2컵씩, 물 2컵

[만드는 법]
① 현미와 현미찹쌀을 섞어 물에 씻은 다음 충분히 불린다.
② 말린 취나물은 삶은 후 여러 번 깨끗이 헹군 뒤 물에 담가둔다.
③ ②를 건져 다시 여러 번 헹궈 먹기 좋은 크기로 썬다.
④ 밥솥에 불린 현미와 현미찹쌀을 담고 취나물을 올려 물을 붓고 밥을 짓는다.
⑤ 밥이 다 지어지면 살살 섞어 담는다.

TIP 말린 나물은 물을 자주 갈아 불려야
생나물밥도 좋지만 말린 나물을 불렸다 밥을 지어도 향긋한 나물 향이 가득하지요. 말린 나물을 불릴 때는 물을 자주 갈아줘야 특유의 누린내가 나지 않아요. 따뜻한 물에 불리면 불리는 시간이 반으로 줄일 수 있어요.

Menu 2 얼갈이물김치

[재료] 얼갈이배추 60g, 양파 2/3개(약 130g), 감자 1/2개(약 70g), 홍고추 1개, 실파 1뿌리, 채소국물 2와 1/2컵, 다진 마늘 · 천일염 1/4작은술씩, 물 약간
[찹쌀 풀] 찹쌀가루 1큰술, 물 2컵

[만드는 법]
① 얼갈이배추를 낱장으로 떼서 흐르는 먹기 좋은 크기로 썬다.
② 배추에 천일염을 골고루 뿌려서 35~40분 정도 재우고, 홍고추는 어슷 썰고 실파는 5cm 길이로 썬다.
③ 양파와 감자는 껍질을 벗겨서 대충 썬 다음 다진 마늘과 약간의 물을 넣고 곱게 간다.
④ 찹쌀가루에 물 2컵을 붓고 끓여 묽은 찹쌀 풀을 만든다.
⑤ 찹쌀 풀에 ③과 채소국물을 붓고 잘 섞은 후 홍고추와 실파, 절인 배추를 넣는다.

TIP 물김치용 찹쌀 풀은 약간 묽게
물김치에 넣는 찹쌀 풀은 일반 김치용 풀보다 다소 묽게 끓여야 맑습니다. 맹물보다는 곡류를 약간 넣고 끓인 물이 배추의 풋내를 잡아주지요. 양념에 감자를 갈아 넣으면 시원한 맛이 난답니다.

Menu 3 두부카나페

[재료] 두부 1/4모(75g), 쫄쫄이다시마 20g, 홍고추 약간

[만드는 법]
① 쫄쫄이다시마는 잘 문질러 씻어 잘게 채 썬다.
② 두부는 끓는 물에 한 번 데친다.
③ 데친 두부를 한입 크기로 도톰하게 썬다.
④ 홍고추는 반 갈라 씨를 털고 잘게 채 썬다.
⑤ 두부 위에 잘게 채 썬 쫄쫄이다시마와 홍고추를 올린다.

TIP **고명용 채소는 두부 크기에 맞춰**
재료 그대로의 맛을 느낄 수 있는 핑거
푸드입니다. 쫄쫄이다시마 대신 곰피와도
잘 어울리지요. 그냥 먹기 심심하면 초고추장과
곁들여도 좋습니다. 고명으로 올릴 채소는
두부보다 작게 썰어주세요.

Menu 4 죽순전

[재료] 죽순 100g, 포도씨유 약간
[튀김옷] 통밀가루 4큰술, 치자 물 5큰술, 소금 1/4작은술
* 치자 물(1/2컵 기준) 치자 2~3개, 물 1/2컵

[만드는 법]
① 죽순은 껍질을 벗기고 쌀뜨물에 삶아 반 잘라서 방망이로
자근자근 두드려 펼친다.
② 분량의 재료를 넣고 30분간 우려 치자 물을 만든다.
③ 분량의 재료를 섞어 튀김옷을 준비한다.
④ 튀김옷에 죽순을 적셔 포도씨유 두른 팬에 노릇하게 굽는다.
⑤ 노릇하게 구운 죽순전을 먹기 좋은 크기로 잘라 담는다.

TIP **죽순은 가장자리부터 두드려야**
죽순을 방망이로 두드릴 때는 가장자리부터
돌려가며 살살 안쪽으로 두드려야 해요.
안쪽부터 두들기면 죽순이 부서지기 쉽답니다.

menu

4

생표고버섯회

menu

3

부추전

menu

1

현미밥

menu

2

밀고기꼬치구이

봄

수요일

현미밥과 밀고기꼬치구이 밥상

현미밥 + 밀고기꼬치구이 + 부추전 + 생표고버섯회 + 쌈채소 + 참다래

여기저기 새순이 올라오는 봄날의 자연식 밥상은 향기를 품고 있습니다.
갖가지 향기로운 채소들이 지천에 가득하지요. 부추도 봄날의 향채소로
빼놓을 수 없지요. 부추 한 단만 있으면 무침으로, 겉절이로 두루두루
밥상에 올릴 수 있습니다. 쫄깃한 부추전도 빼놓을 수 없지요. 밀고기와
생표고버섯회로 밥상의 영양 밸런스도 맞춥니다.

부추
부추는 봄날 몸의 기운을 보하는
보양식 채소입니다. '봄 부추가
인삼보다 좋다'는 말도 있지요. 부추에
함유된 칼륨은 체내의 나트륨 배출을
도와, 간 기능을 보하고 혈액순환을
촉진시켜줍니다. 특히 비위가 약하거나
허약한 사람에게 더욱 효능이 좋습니다.

Menu 1 현미밥

[재료] 현미 · 현미찹쌀 1/2컵씩, 물 2컵

[만드는 법]
① 현미와 현미찹쌀을 섞어 물에 씻은 다음 충분히 불린다.
② 밥솥에 불린 현미와 현미찹쌀을 담고 물을 부어 밥을 짓는다.
③ 밥이 다 지어지면 고루 섞어 그릇에 담는다.

TIP 밥물은 좀 더 넉넉히 잡아야
현미밥을 지을 때는 충분히 불리고 물을
넉넉하게 잡아줘야 부드럽게 잘 익은 밥을 먹을
수 있어요. 일반 솥은 1.5배, 전기압력솥이라면
쌀 양 2컵 기준으로 물 눈금을 3에 맞춰야
하지요.

Menu 2 밀고기꼬치구이

[재료] 소고기 맛 밀고기(242쪽 참조) 100g, 다진 아몬드 2작은술,
쪽파 약간
[고추장 양념] 고추장 2큰술, 매실청 · 조청 1큰술씩, 다진 마늘 1/2작은술,
아마씨유 약간

[만드는 법]
① 소고기 맛 밀고기 반죽을 동글납작하게 완자 모양으로 빚는다.
② 완자 모양의 밀고기는 팬에 굽거나 김 오른 찜통에 10분간 찐다.
③ 팬에 분량의 고추장 양념 재료를 넣고 뭉근히 끓인다.
④ ②의 밀고기를 양념장에 넣어 골고루 굴린다.
⑤ 양념장에 묻힌 밀고기를 적당히 식힌 다음 꼬치에 꿰어 담는다.
⑥ 쪽파를 송송 썰어 다진 아몬드와 함께 뿌린다.

TIP 소화력이 약하다면 굽기보다 쪄야
동글납작하게 빚은 밀고기는 찜통에 찌거나 기름
두른 팬에 구워 양념에 버무리세요. 단 소화력이
약한 환자는 기름에 굽는 것보다 쪄내는 것이
위에 부담을 덜 주지요.

Menu 3 부추전

....

[재료] 부추 1줌(50g), 당근 · 양파 10g씩, 풋고추 1개, 포도씨유 1큰술
[반죽] 통밀가루 · 물 5큰술씩, 소금 1/4작은술

....

[만드는 법]
① 부추는 깨끗이 씻어 5cm 길이로 썬다.
② 당근과 양파는 채 썰고, 풋고추는 송송 썰어 준비한다.
③ 볼에 분량의 재료를 넣고 섞어 반죽을 만든 다음 준비한 부추와
채소들을 넣고 고루 섞는다.
④ 달군 팬에 포도씨유를 두르고 반죽을 한 국자씩 떠 넣어 얇고
노릇하게 부친다.

TIP **부추는 먹기 좋은 크기로 얇게 부쳐야**
부추전은 얇게 부쳐야 맛있습니다. 전이
두툼하게 부쳐지면 그 맛이 덜하지요. 넓은
팬에 먹기 좋은 크기로 얇게 부쳐내세요.

Menu 4 생표고버섯회

....

[재료] 표고버섯 2개(50g), 굵은 소금 약간
[초고추장 양념] 고추장 2큰술, 레몬즙 1큰술, 통깨 1/2작은술,
꿀 · 다진 마늘 1/4작은술씩

....

[만드는 법]
① 표고버섯은 기둥 끝의 딱딱한 부분만 자르고 굵은 소금을 넣은
찜기에 한 김 오르도록 살짝 찐다.
② 찐 표고버섯을 기둥까지 포를 뜨듯 얇게 썬다.
③ 분량의 초고추장 재료를 섞어 표고버섯에 곁들인다.

TIP **표고버섯은 쪄야 더 쫄깃해**
표고버섯은 데치면 영양소와 단맛이 빠져 맛이
덜하니 꼭 찜기에 쪄 드세요. 찐 표고버섯은
어슷 썰면 전복의 식감이, 채를 썰면 한치회의
식감이 느껴진답니다.

menu
2
삼색탕수

menu
1
죽순초밥

menu
3
톳나물

menu
4
깨소스 샐러드

봄

목요일

죽순초밥과 삼색탕수 밥상

죽순초밥 + 삼색탕수 + 톳나물 + 깨소스샐러드 + 딸기

봄이 제철인 죽순은 다른 채소에 비해 식물성 단백질이 풍부해 씹는
식감이 좋고 불면증이나 만성피로, 스트레스 해소에 효과가 뛰어납니다.
특히 성인병이나 고혈압 환자에게 더욱 좋지요. 국물 요리를 즐기는
우리나라 식습관상 소금을 많이 섭취하는 편인데, 죽순은 나트륨을
배출해주어 건강에 이롭답니다.

톳
지역에 따라 '따시래기', '흙배기',
'톨'로도 불리는 톳은 칼슘과 철분이
풍부하게 함유되어 있는 해조류로,
봄에서 초여름 사이에 가장 연하고
맛이 좋습니다. 밥과 샐러드, 무침,
냉국 등에 넣어 요리하세요.

Menu 1 죽순초밥

[재료] 죽순 100g, 수수 1컵, 물 2컵, 채소국물 · 조청 2큰술씩,
가루간장 · 고추냉이 · 물 1큰술씩, 쌀뜨물 적당량

[만드는 법]
① 죽순은 쌀뜨물에 삶아 적당한 크기로 썬다.
② 수수는 분량의 물을 부어 현미밥 짓듯이 밥을 짓는다.
③ 팬에 채소국물, 조청, 가루간장을 넣고 끓이다 죽순을 넣고 약한
불에서 조린다.
④ 수수밥을 한 김 식힌 후 한입 크기로 초밥 모양을 빚는다.
⑤ 고추냉이 가루에 물을 넣고 걸쭉하게 만든 다음 ④위에
젓가락으로 살짝 찍어 올린다.
⑥ ⑤의 초밥 위에 조린 죽순을 하나씩 보기 좋게 올려 그릇에
담는다.

TIP 위가 예민하다면 고추냉이는 생략
속 쓰림이 있거나 평소 위가 예민하다면 고추냉이는
생략해도 좋아요. 죽순을 채소국물과 조청,
가루간장에 넣어 조렸기에 그냥 먹어도 간이
맞답니다.

Menu 2 삼색탕수

[재료] 단호박 50g, 표고버섯 1개(25g), 더덕 1~2뿌리(30g), 전분 2큰술,
포도씨유 적당량

[소스] 채소국물 1컵, 꿀 · 레몬즙 2큰술씩, 물 · 전분 1큰술씩,
가루간장 1작은술

[만드는 법]
① 단호박은 적당히 잘라 속을 파낸 후 껍질째 한입 크기로 썬다.
② 표고버섯과 더덕도 각각 손질한 후 한입 크기로 썬다.
③ 손질한 채소를 전분에 버무린 후 분무기로 물을 뿌려 적당한
기름에 노릇하게 튀긴다.
④ 팬에 채소국물과 꿀, 레몬즙, 가루간장을 넣고 끓이다 분량의
물에 전분을 풀어 넣고 뭉근히 끓여 걸쭉하게 만든다.
⑤ 채소 튀김 위에 소스를 뿌려 담는다.

TIP 분무기를 활용해 튀김옷 만들기
조리 단계를 단축시키고 싶다면 튀김옷 만드는
단계를 생략하세요. 채소에 가루를 묻히고
분무기로 물을 뿌려두면 튀김옷 효과를
낸답니다.

Menu 3 톳나물

[재료] 톳 35g, 다진 양파 · 다진 마늘 1작은술씩, 깨소금 1/4작은술,
가루간장 · 아마씨유 약간씩

[만드는 법]
① 톳은 끓는 물에 살짝 데친다.
② 데친 톳은 체에 밭쳐 차가운 물에 헹군 다음 먹기 좋은 크기로
썬다.
③ 볼에 데친 톳과 다진 양파, 다진 마늘, 깨소금, 가루간장,
아마씨유를 넣어 무친다.

TIP 톳은 데친 후 물기를 짜둬야
톳은 끓는 물에 살짝 데쳐 물기를 꼭 짠 다음
양념을 넣고 무쳐야 양념이 고루 잘 뱁니다.
톳을 데치면 체에 밭쳐 물기를 뺀 뒤 손으로
꼭 짜서 사용하세요.

Menu 4 깨소스샐러드

[재료] 양파 20g, 양상추 2장
[깨 소스] 통깨 · 매실액 2큰술씩, 레몬즙 1큰술, 올리브유 1작은술,
가루간장 1/2작은술

[만드는 법]
① 양파는 작은 조각으로 깍둑 썰기해 물에 담가둔다.
② 양상추는 깨끗이 씻은 후 한입 크기로 손으로 찢는다.
③ 통깨를 분쇄기에 간 다음 매실액, 레몬즙, 올리브유, 가루간장을
넣고 휘저어 섞어 깨 소스를 만든다.
④ 양상추와 양파를 보기 좋게 담은 후 깨 소스를 곁들인다.

TIP 샐러드 간은 가루간장으로 해야
레몬즙과 매실액이 들어가 간을 따로 하지
않아도 상관없습니다. 간이 너무 심심하다면
가루간장을 더하세요. 샐러드는 가루간장으로
간을 해야 더 담백합니다.

menu **3**
두부조림

menu **2**
냉이국

menu **1**
수수밥

menu **4**
생다시마쌈과
초고추장

봄

금요일

수수밥과 냉이국 밥상

수수밥 + 냉이국 + 두부조림 + 생다시마쌈과 초고추장 + 쌈채소 + 적포도

봄을 대표하는 냉이국으로 밥상에 활력을 더하세요. 쌉쌀하면서도 향긋한 냉이는
봄날 우리 몸이 필요로 하는 영양소가 충분한 채소입니다. 이른 봄에는 어린 냉이를
끓는 물에 살짝 데쳐 나물을 무쳐 먹고, 완연한 봄에는 냉이에 날콩가루를 묻혀
국을 끓여 드세요. 갓 지은 수수밥에 단백질 보충원인 두부조림, 자연 그대로의
생다시마쌈을 올리면 산과 들, 바다의 기운이 가득한 밥상이 완성됩니다.

냉이
봄나물 중에서도 단백질 함량이 높은
냉이는 봄날 꼭 챙겨 먹어야 할 필수
식품입니다. 향이 짙고 뿌리가 너무
굵지 않은 것이 좋으며, 조리 시 너무
오래 삶으면 식감이 떨어짐은 물론
향도 약해져 맛이 덜하답니다. 끓는
물에 살짝만 익혀 요리하세요.

Menu 1 수수밥

[재료] 수수·현미·현미찹쌀 1/2컵씩, 물 2컵

[만드는 법]
① 현미와 현미찹쌀을 섞어 물에 씻은 다음 충분히 불린다.
② 수수는 흐르는 물에 헹궈 30분간 불린다.
③ 밥솥에 불린 현미와 현미찹쌀을 담고 수수를 얹어 물을 붓고 밥을 짓는다.
④ 밥이 다 지어지면 고루 섞어 그릇에 담는다.

TIP 수수는 30분 불렸다 사용
수수를 넣은 현미밥은 단백질 보충으로 영양 균형을 이룬 잡곡밥입니다. 수수밥을 지을 때는 먼저 수수를 30분 정도 불렸다가 사용해야 소화를 도울 수 있어요.

Menu 2 냉이국

[재료] 냉이 5줌(100g), 대파 흰 부분 10cm, 채소국물 2컵, 쌈장 1큰술, 가루간장·다진 마늘 1/4작은술씩

[만드는 법]
① 냉이는 깨끗이 다듬어서 먹기 좋은 크기로 자른다.
② 대파는 송송 썰어 준비한다.
③ 채소국물에 쌈장을 풀고 가루간장으로 간해 끓인다.
④ ③이 끓으면 냉이를 넣고 한소끔 끓인 다음 다진 마늘과 송송 썬 파를 넣어 마무리한다.

TIP 냉이는 마지막에 넣어 살짝만 익혀야
냉이는 오래 익힐수록 질겨져 맛이 떨어집니다. 나물은 물론 국을 끓일 때도 뜨거운 물에 살짝만 익혀주세요. 그래야 냉이의 향이 유지되어요.

Menu 3 두부조림

[재료] 두부 1/2모(150g), 양파 1/4개(50g), 쪽파 1뿌리, 포도씨유 1큰술
[양념] 채소국물 4큰술, 고추장 2큰술, 가루간장·고춧가루·조청 1큰술씩,
다진 마늘 1/2큰술, 아마씨유·통깨 1/4작은술씩

[만드는 법]
① 두부 1/2모는 1cm 두께로 8등분해 키친타월에 올려 물기를
제거한다.
② 양파는 채 썰고 쪽파는 송송 썬다.
③ 볼에 분량의 재료를 섞어 양념장을 만든다. 양념장에 송송 썬
쪽파를 넣고 섞는다.
④ 팬에 포도씨유를 두르고 두부를 앞뒤로 노릇하게 굽는다.
⑤ 냄비에 채 썬 양파를 깔고 ④의 두부를 얹어 양념장을 끼얹고
뚜껑을 덮어 살짝 김을 올린다. 김이 오르면 바로 불을 끈다.

TIP 양파를 바닥에 깔면 두부가 타지 않아
두부조림을 만들 때 양파를 바닥에 깔면
양파에서 수분이 나와 조림이 타지 않게
방지해줍니다. 양파가 익어가는 동안 조림이
완성되지요.

Menu 4 생다시마쌈과 초고추장

[재료] 생다시마 70g
[초고추장 양념] 고추장 2큰술, 레몬즙 1큰술, 통깨 1/2작은술,
꿀·다진 마늘 1/4작은술씩

[만드는 법]
① 생다시마는 깨끗이 씻은 뒤 짠맛이 없어질 때까지 찬물에
담가둔다.
② 생다시마의 물기를 빼고 먹기 좋은 크기로 자른다.
③ 볼에 분량의 재료를 한데 섞어 초고추장 양념을 만든다.
④ 다시마와 초고추장 양념을 곁들인다.

TIP 새콤한 맛은 레몬즙으로 내기
염장 다시마의 짠맛을 급히 빼야 할 때는 끓는
물에 살짝 넣었다 뺀 뒤 미역 씻듯이 박박 치대
씻으면 됩니다. 다시마의 향과 레몬즙의 향이 잘
어우러집니다.

menu **2**
얼갈이배추된장국

menu **3**
고추장아찌

menu **1**
적근대쌈밥

menu **4**
새싹샐러드

봄

토요일

적근대쌈밥과 얼갈이배추된장국 밥상

적근대쌈밥 + 얼갈이배추된장국 + 고추장아찌 + 새싹샐러드 + 멜론

봄나물은 종류가 매우 다양합니다. 새순을 내미는 식물의 종류가
무궁무진하니 봄나물도 다양할 수밖에 없지요. 그런 까닭에 옛날
어르신들은 "5월 전에 들판에 나는 풀은 모두 먹을 수 있다"고도 했습니다.
생소한 것이 아니라면 봄나물은 나오는 족족 한두 가지씩 밥상에 올려
먹어보세요. 적근대로 쌈밥을 싸고, 얼갈이배추로 국을 끓이고, 풋고추로
장아찌를 만들었습니다.

적근대
근대가 국거리 채소라면
적근대는 샐러드용 채소입니다.
적근대는 홍근대로도 불리는데,
베타카로틴과 칼슘, 철 등의
영양소가 풍부해 골격 형성과
치아 건강을 지켜주지요.
피부 가려움증과 변비, 구취
해소에도 도움을 줍니다.

Menu 1 적근대쌈밥

[재료] 적근대 10장, 밤 5톨, 검은콩 2큰술, 현미·현미찹쌀 1/2컵씩, 물 2컵

[만드는 법]
① 현미와 현미찹쌀, 검은콩을 씻어 불린다.
② 밤은 속껍질을 벗겨 2등분한 다음 ①에 넣고 밥을 짓는다.
③ 적근대는 깨끗이 씻은 뒤 끓는 물에 소금을 넣고 살짝 데친다.
④ 데친 적근대는 찬물에 헹궈 물기를 꼭 짜둔다.
⑤ 밥은 한 김 식혀 주먹밥 크기로 동그랗게 빚어놓는다.
⑥ 물기를 짠 적근대를 넓게 펼쳐 ⑤의 밥을 얹고 동그랗게 말아 쌈밥을 만든다.

TIP 적근대는 찬물에 헹궈 쌈으로 이용
끓는 물에 살짝 데친 적근대는 찬물에 헹궈 잎이 오그라들지 않도록 해주세요. 주먹밥을 통째로 싸지 말고 옆면을 돌돌 말아주면 더 먹음직스러워요.

Menu 2 얼갈이배추된장국

[재료] 얼갈이배추 200g, 대파 흰 부분 10cm, 홍고추 1개, 채소국물 2컵, 쌈장 3큰술, 다진 마늘 1/2큰술, 가루간장 1작은술

[만드는 법]
① 얼갈이배추는 깨끗이 씻어 끓는 물에 소금을 넣고 푹 삶는다.
② 대파와 홍고추는 송송 썬다.
③ 삶은 얼갈이배추는 찬물에 헹궈 물기를 짠 뒤 쌈장과 다진 마늘을 넣고 조물조물 무친다.
④ 냄비에 채소국물과 ③의 배추를 넣고 끓여 가루간장으로 간한다.
⑤ 불을 끄고 송송 썬 홍고추와 대파를 올린다.

TIP 양념에 무쳤다 국 끓이기
얼갈이배추는 미리 쌈장으로 간을 했다가 국을 끓여야 양념이 배어 맛이 있어요. 얼갈이배추 외에 시금치, 냉이 등도 봄날 국거리로 제격이지요.

Menu 3 고추장아찌

[재료] 청고추 · 홍고추 5개씩
[장아찌 국물] 채소국물 2컵, 조청 3큰술, 가루간장 2큰술, 마늘 3쪽, 통후추 3톨

[만드는 법]
① 청고추, 홍고추는 어슷 썬다.
② 냄비에 채소국물을 붓고 조청, 가루간장, 마늘, 통후추를 넣어 팔팔 끓인다.
③ 어슷 썬 고추를 용기에 담고 ②의 뜨거운 장아찌 국물을 고추가 잠길 정도로 붓는다.
④ ③을 잘 밀봉해 두었다가 장아찌 국물을 따라내 다시 끓이고 뜨거울 때 붓기를 일주일마다 한 번씩 3차례 반복한다.

TIP 아삭이고추 꼭지는 떼지 않고 사용
장아찌를 담글 때 아삭이고추를 사용한다면 꼭지를 떼지 말고 사용하세요. 꼭지를 떼면 금방 물러 맛이 없습니다. 꼭지는 남겨두고 맨 아래에 칼로 십자를 넣으면 장아찌 물이 더 잘 들어요.

Menu 4 새싹샐러드

[재료] 새싹채소 2와 1/2줌(50g)
[참다래 소스] 참다래 1개(90g), 레몬즙 2큰술, 꿀 1큰술, 소금 약간

[만드는 법]
① 새싹채소는 깨끗이 씻어 물기를 뺀다.
② 참다래는 껍질을 벗기고 4등분한다.
③ 분량의 재료를 섞어 믹서에 갈아 소스를 만든다.
④ 접시에 새싹채소를 담고 참다래 소스를 뿌린다.

TIP 키위보다 새콤한 참다래를 사용
자연식 요리의 기본은 우리 땅에서 자란 제철 재료의 사용입니다. 과일도 마찬가지지요. 참다래는 새콤한 맛이 강해 샐러드 소스로도 안성맞춤이에요.

menu **3**
감자볶음

menu **2**
밀고기닭강정

menu **4**
돌나물무침

menu **1**
기장밥

봄

일요일

기장밥과 밀고기닭강정 밥상

기장밥 + 밀고기닭강정 + 감자볶음 + 돌나물무침 + 쌈채소 + 참외

자연식은 건강을 위해서 '참고' 먹어야 하는 약이 아닙니다. 맛으로,
색으로 즐기는 '음식'입니다. 그러니 일요일만큼은 별미 밥상에
도전해보세요. 자극적인 맛이 거의 없는 자연식 밥상에 모처럼 매콤달콤한
메뉴를 올렸어요. 오돌토돌한 기장밥에 국 대신 밀고기닭강정과
감자볶음, 신선한 돌나물무침이 오늘의 메뉴입니다.

돌나물
돌 틈에서 자라는 돌나물은
시원하면서도 아삭한 식감의
봄나물입니다. 비타민 C와 인산,
칼슘 함유량이 높아 피로회복과
골다공증 예방에 좋지요. 다만
풋내가 나기 쉬우므로 줄기에 달린
잎을 뗀 뒤에는 소금물로 씻어
풋내를 없애고 요리해요.

Menu 1 기장밥

[재료] 찰기장 · 물 1컵씩

[만드는 법]
① 찰기장은 물에 잘 씻은 다음 일어서 충분히 불린다.
② 불린 찰기장은 체에 걸러 물기를 뺀다.
③ 밥솥에 불린 찰기장을 담고 물을 부어 밥을 짓는다.
④ 밥이 다 지어지면 고루 섞어 그릇에 담는다.

TIP 현미 대신 찰기장만 넣어 밥 짓기
찰기장은 차지고 당도가 높아 쌀을 섞지 않고
밥을 해도 별미입니다. 현미밥을 짓듯이 하면
되지요. 입안에서 오돌토돌 느껴지는 식감이
일품이랍니다.

Menu 2 밀고기닭강정

[재료] 닭고기 맛 밀고기 반죽(242쪽 참조) 100g, 볶은 아몬드 1작은술,
포도씨유 넉넉히
[양념] 고추장 · 토마토페이스트 · 조청 1큰술씩, 유기농 원당 1/2큰술,
매실청 · 생강즙 1작은술씩, 레몬즙 · 통깨 · 후춧가루 · 아마씨유 약간씩

[만드는 법]
① 닭고기 맛 밀고기 반죽은 먹기 좋은 크기로 둥글게 빚는다.
② 볼에 분량의 양념 재료를 담아 섞어 양념장을 만든다.
③ 팬에 포도씨유를 넉넉히 두르고 반죽을 앞뒤로 노릇하게 굽는다.
④ 팬에 준비한 양념장을 넣고 약불에서 끓인다. 볶은 아몬드는 칼로
잘게 다진다.
⑤ 양념이 걸쭉해지면 ③의 구운 닭고기 맛 밀고기를 넣고 고루 섞은
뒤 다진 아몬드를 뿌린다.

TIP 밀고기는 양념장에 조리듯이
준비한 완자 모양의 밀고기는 찜통에 찌거나
팬에 구워낸 뒤 양념장을 묻히는데, 이때
조리듯이 익히면 밀고기에 양념이 잘 배어
더 맛있어요.

Menu 3 감자볶음

[재료] 감자 2/3개(100g), 당근 10g, 다진 마늘 1작은술,
구운 소금 · 포도씨유 약간씩

[만드는 법]
① 감자는 껍질을 벗긴 후 얇게 채 썬 다음 찬물에 담가 전분을 빼고
체에 밭쳐 물기를 제거한다.
② 당근은 껍질을 벗기고 감자와 같은 크기로 채 썬다.
③ 팬에 포도씨유를 두른 후 다진 마늘을 넣어 볶다가 감자와
당근을 넣고 볶은 후 구운 소금으로 간한다.

TIP 다진 마늘로 향 내기
볶음 요리를 할 때는 기름에 먼저 다진 마늘을
넣어 볶으면 마늘의 향이 배어 음식의 맛이
배가됩니다. 감자볶음용 감자는 꼭 찬물에 담가
전분을 뺀 뒤에 볶아야 서로 붙지 않아요.

Menu 4 돌나물무침

[재료] 돌나물 2줌(60g)
[양념] 파인애플 · 배 · 양파 20g씩, 고추장 · 유기농 원당 · 레몬즙 1/2큰술씩

[만드는 법]
① 돌나물은 줄기에서 잎만 따로 떼어 씻는다.
② 손질한 돌나물을 소쿠리에 밭쳐 물기를 뺀다.
③ 분량의 양념 재료를 믹서에 넣고 곱게 간다.
④ 넓은 볼에 데친 돌나물을 담고 ③의 양념을 붓는다.

TIP 파인애플과 배, 양파로 시원한 맛 내기
돌나물에 파인애플과 배, 양파 등을 넣고 갈은
양념을 더해 시원한 물김치처럼 즐겨도 맛이
좋답니다. 물기가 생기지 않도록 즉석에서 먹는
물김치랍니다.

자연식 고추장 담그기

발효하지 않은 자연 그대로의 음식을 기본으로 하는 자연식 요리에서 '장'은 무척 중요합니다. 자연식 고추장은 감칠맛이 돌면서 매운맛이 강하지 않아 남녀노소 누구나 부담 없이 먹기 좋지요. 단맛을 좀더 주고 싶다면 푹 삶은 단호박을 넣어 만든 고추장도 맛있습니다. 이때 단호박 분량은 오른쪽 레시피 기준으로 150g 정도가 적당합니다. 자연식 고추장은 만든 직후부터 맛볼 수 있으며, 일주일 정도 냉장 보관이 가능합니다.

고추장

[재료] 고운 고춧가루 · 통밀가루 1/2컵씩, 조청 · 물 1컵씩,
굵은 소금 20g

[만드는 법]
① 두툼한 냄비에 통밀가루와 물을 풀어서 저어가며
끓인다.
② 통밀가루와 물이 풀어지면 조청을 넣고 섞어 황금빛
나도록 끓인다.
③ ②에 고운 고춧가루를 조금씩 넣어가며 잘 젓는다.
④ 일반 고추장 정도의 농도가 나면 굵은 소금을 넣고
가볍게 볶는다.
⑤ 한 김 식혀서 냉장 보관해 두고 사용한다.

menu **3**
새송이부추찜

menu **2**
감자국

menu **1**
모둠채소비빔밥

menu **4**
구운 가지와 파프리카

여름

월요일

모둠채소비빔밥과 감자국 밥상

모둠채소비빔밥 + 감자국 + 새송이부추찜 + 구운 가지와 파프리카 + 쫄쫄이다시마 + 토마토

자연식 밥상을 좀 더 손쉽게 차리는 방법이 있지요. 집에 있는 채소를 모두
꺼내 잘게 썰거나 찢어 밥에 푸짐하게 올려 비빔밥을 만들고 간단한 국을
곁들이면 됩니다. 국이 없다면 물김치나 냉국을 함께 내도 괜찮습니다.
채소든 해조류든 쌈처럼 먹을 수 있는 쌈채소와 과일을 더하면 여름날의
자연식 점심 밥상이 완성됩니다.

새송이버섯
쫄깃한 새송이버섯은 살짝 구워
먹어도 좋고 전이나 찌개에 넣어
먹어도 맛있습니다. 비타민 C가
풍부해 피로 회복을 돕고, 섬유소와
수분 함유량이 높아 다이어트에도
효과적이지요. 다른 버섯들에 비해
유통기한이 길어 두고 먹기 좋습니다.

Menu 1 모둠채소비빔밥

[재료] 현미밥 1과 1/2공기, 새싹채소 1과 1/2줌(30g),
상추·치커리·당근·양배추 20g씩
[약고추장 양념] 고추장 4큰술, 베지버거 60g, 기둥 뗀 표고버섯 1개,
포도씨유 2큰술, 조청 1큰술, 가루간장 1/2큰술,
다진 마늘·다진 잣 2작은술씩

[만드는 법]
① 새싹채소는 흐르는 물에 씻어 체에 밭쳐 물기를 뺀다.
② 상추와 치커리는 손으로 찢고, 당근과 양배추는 얇게 채 썬다.
③ 기름 두르지 않은 팬에 베지버거를 볶고, 표고버섯은 다진다.
④ 볼에 ③과 남은 양념 재료를 섞어 약고추장을 만든다.
⑤ 현미밥에 손질한 채소들을 먹음직스럽게 담고 약고추장 양념을
올린다.

TIP 어떤 채소든 비빔밥 재료로 가능
여러 가지 채소로 맛을 내는 채소비빔밥에
정해진 재료만 넣을 필요는 없어요. 냉장고
속 자투리 채소는 무엇이든 먹기 좋게 썰어
넣으세요.

Menu 2 감자국

[재료] 감자 1개(150g), 팽이버섯 1/2봉(50g), 캐슈너트 40g,
채소국물 2컵, 소금 약간

[만드는 법]
① 감자는 껍질을 벗겨 도톰하게 나박 썰고 팽이버섯은 밑동을 자른
뒤 5cm 길이로 썬다.
② 분쇄기에 캐슈너트와 약간의 채소국물을 넣어 곱게 간다.
③ 남은 채소국물에 나박 썬 감자를 넣고 끓이다가 팽이버섯을 넣고
끓인다.
④ 한소끔 끓으면 ②의 곱게 간 캐슈너트를 넣고 소금으로 간한다.

TIP 견과류 갈 때는 수분이 필요해
국물에 넣는 캐슈너트는 아주 곱게 갈아야
하는데 캐슈너트만 갈아서는 곱게 갈리지
않지요. 캐슈너트에 채소국물을 조금 부어야
우유처럼 곱게 갈아집니다.

Menu 3 새송이부추찜

[재료] 새송이버섯 4개(100g) · 부추 2줌(100g), 양파 1/4개(50g),
대추 3알, 채소국물 1/2컵
[양념] 가루간장 · 다진 마늘 1작은술씩, 고춧가루 1과 1/2작은술

[만드는 법]
① 새송이버섯은 큼직하게 나박 썬다.
② 부추는 깨끗이 씻어 10cm 길이로 자른다.
③ 양파도 가늘게 채 썰고 대추는 씨를 빼고 채 썬다.
④ 냄비에 새송이버섯과 양파, 대추를 담고 분량의 양념을 넣어
버무린다.
⑤ ④에 채소국물을 부어 살짝 익힌다.
⑥ 접시에 준비한 부추를 깔고 새송이버섯찜을 올려 담는다.

TIP 양념을 버무린 뒤에 채소국물 붓기
찜 요리를 할 때는 주재료에 먼저 양념을 넣어
버무린 뒤에 국물을 부어 조려야 양념이 잘 배어
더 맛있답니다. 부추는 짠 음식을 낼 때 곁들이면
좋아요.

Menu 4 구운 가지와 파프리카

[재료] 가지 1/3개(약 50g), 빨강 · 노랑 파프리카 1/4개(50g)씩,
청피망 1/3개(30g), 올리브유 · 소금 · 파슬리가루 조금씩

[만드는 법]
① 가지는 5cm 길이로 슬라이스한다.
② 파프리카와 피망은 잘라 속을 털고, 가지와 같은 길이로 자른다.
③ 볼에 올리브유와 소금을 넣고 버무린 뒤 솔로 손질한 가지와
파프리카, 피망에 바른다.
④ 180℃로 예열한 오븐에 ③을 넣고 파슬리가루를 뿌려 10분 동안
굽는다.

TIP 오븐은 미리 예열해 사용
오븐은 제품에 따라 성능이 제각각이므로 반드시
예열을 해놓고 사용하세요. 채소를 구울 때는
자주 확인하면서 타지 않도록 주의해야 해요.

menu

4

단호박모둠콩샐러드

menu

2

우무묵오이냉국

menu

3

방풍나물

menu

1

매실초밥

여름

화요일

매실초밥과 우무묵오이냉국 밥상

매실초밥 + 우무묵오이냉국 + 방풍나물 + 단호박모둠콩샐러드 + 데친 브로콜리와 당근

여름에는 상큼한 맛이 입맛을 돋우지요. 상큼한 매실과 오이로 여름
밥상을 차려보세요. 유기산이 풍부해 위장을 보호하고 피로 회복, 간 기능
향상에 좋은 매실과 열을 식혀주는 찬 성질의 오이가 밥상의 밸런스를
맞춰줍니다. 한약재로도 사용되는 방풍을 자연식 고추장에 조물조물
무쳐내면 밥 한 그릇이 뚝딱이지요.

방풍
바닷가 모래사장에서 자라는
약용식물인 방풍은 성질이 따뜻하고
맛이 달아 요리 재료로도 즐겨
사용됩니다. '병풀나물', '갯방풍',
'갯기름나물'로도 불리는데, 감기와
두통, 발한 등에 효능이 있지요.
어린 순일수록 더 맛이 좋답니다.

Menu 1 매실초밥

[재료] 기장현미밥 1과 1/2공기(기장 20g, 현미 100g, 현미찹쌀 60g,
물 2컵), 매실청의 매실 6~8개(60g), 고추장 2큰술,
고추냉이가루·물 1/2작은술씩

[단촛물] 꿀·레몬즙 1큰술씩

[만드는 법]
① 기장과 현미, 현미찹쌀을 씻어 압력솥에 밥을 짓는다.
② 매실청의 매실은 반으로 잘라 고추장에 버무린다.
③ 밥이 다 되면 뜨거울 때 꿀과 레몬즙을 뿌려 고루 섞은 다음
한 김 식힌다.
④ 고추냉이가루는 물에 되직하게 개어놓는다.
⑤ 식힌 밥은 한입 크기로 빚어 ④의 고추냉이장을 바른 뒤 매실을
올려 담는다.

TIP 매실청으로 초밥 만들기
해독 작용이 뛰어난 매실은 초여름이
제철이지요. 매실청을 만들어두면 1년 내내
즐길 수 있는데, 매실 건더기는 건져 장아찌를
만들거나 단촛물을 섞은 주먹밥 위에 올려
초밥으로 즐겨도 좋아요.

Menu 2 우무묵오이냉국

[재료] 우무묵 200g, 오이 1/4개(50g), 홍고추 1개, 굵은 소금 약간
[냉국 국물] 물 1과 1/4컵, 레몬즙·깨소금 1작은술씩,
소금·가루간장 1/4작은술씩, 다진 마늘 약간

[만드는 법]
① 우무묵은 체 위에 올려놓고 지그시 눌러 가는 채를 만든다.
② 오이는 굵은 소금으로 문질러 씻은 후 가늘게 채 썬다.
③ 홍고추는 어슷 썬다. 취향에 따라 씨를 빼고 다져도 좋다.
④ 볼에 분량의 재료를 넣고 섞어 냉국 국물을 만든다.
⑤ 그릇에 우무묵, 오이, 홍고추를 담고 냉국 국물을 부어 담는다.

TIP 체 사용이 어렵다면 칼로 썰어
우무묵을 가장 얇게 채로 뽑는 방법은 체에
한 번 걸러내는 것입니다. 하지만 처음에는 쉽지
않지요. 체 대신 칼로 잘게 썰어도 무방합니다.

Menu 3 방풍나물

[재료] 방풍 2줌(100g), 된장 1/2큰술, 깨소금 1작은술,
가루간장 1/4작은술, 아마씨유 약간

[만드는 법]
① 방풍은 끓는 물에 약간의 소금을 넣고 부드러워질 때까지 데친다.
② 데친 방풍을 찬물에 헹군다.
③ 볼에 분량의 된장과 깨소금, 가루간장, 아마씨유를 넣고 고루
섞는다.
④ 방풍에 ③의 양념을 넣고 조물조물 무친다.

TIP 데친 방풍은 곧장 찬물에 헹궈야
방풍은 다른 봄나물에 비해 뻣뻣한 편이라
데치는 시간을 조금 늘려줘야 합니다.
데친 후에는 곧장 찬물에 담가 열기를
식혀주세요. 그래야 선명한 색이 유지됩니다.

Menu 4 단호박모둠콩샐러드

[재료] 단호박 100g, 감자 2/3개(100g), 모둠 콩 1컵,
캐슈너트가루 4작은술, 아몬드가루 2작은술, 소금 1/4작은술

[만드는 법]
① 단호박은 껍질을 벗기고 씨를 파낸 다음 적당한 크기로 자르고,
감자는 껍질을 벗겨 적당하게 잘라 모두 찜기에 넣고 찐다.
② 모둠 콩은 물을 붓고 삶아 푹 익힌다.
③ 찐 단호박과 감자를 냄비에 담고 으깨면서 수분을 날린다.
④ ③에 삶은 모둠 콩을 넣고 섞는다.
⑤ ④에 캐슈너트가루와 아몬드가루, 소금을 넣고 다시 한 번 고루
버무려 담아낸다.

TIP 단호박과 감자를 동량으로 넣기
단호박모둠콩샐러드는 단호박만 넣어 만들면
너무 질어 죽처럼 흘러내리고 모양이 잘 잡히지
않아요. 감자를 함께 넣어주면 포실한 느낌이
든답니다.

menu
채소화채 **4**

menu **3**
숙주볶음

menu
고추김치 **2**

menu **1**
고대미밥

여름

수요일

고대미밥과 고추김치 밥상

고대미밥 + 고추김치 + 숙주볶음 + 채소화채 + 청포도

여름날 한입 베어 물면 입안 가득 상큼함이 퍼지는 아삭이고추로
김치를 만들었어요. 별다른 반찬 없이도 고추김치 하나만 있으면
한 끼가 문제없지요. 고추김치가 위액 분비를 촉진해 식욕을
돋아줍니다. 신선한 식감의 숙주볶음과도 잘 어울린답니다.
매실청으로 맛을 낸 시원한 채소화채가 여름의 더위를 잊게 해주지요.

숙주
녹두를 발아시켜 만든 숙주는
녹두의 영양소가 그대로 들어 있는
채소이지요. 96%가 수분이라
식감이 시원할뿐더러 칼로리도
낮아 다이어트는 물론 부담 없이
먹기 좋은 채소입니다. 숙주를
데칠 때는 냄비 뚜껑을 꼭 덮어야
비린내가 나지 않습니다.

Menu 1 고대미밥

[재료] 고대미 · 현미 · 현미찹쌀 1/3컵씩, 물 2컵

[만드는 법]
① 현미, 현미찹쌀을 섞어 물에 씻고 충분히 불린다.
② 고대미는 깨끗이 씻어 준비한다.
③ 밥솥에 불린 현미, 현미찹쌀을 담고 그 위에 고대미와 물을 부어 밥을 짓는다.
④ 밥이 다 지어지면 고루 섞어 그릇에 담는다.

TIP 고대미는 섞어서 먹어야
우리나라 토종 벼인 고대미는 항산화 물질인 폴리페놀이 현미보다 20~30배 이상 함유되어 있지요. 적토미, 흑토미, 녹토미 등이 있는데, 각각의 영양 성분이 다르므로 섞어 먹는 게 좋아요.

Menu 2 고추김치

[재료] 고추 4개, 부추 1줌(50g), 양파 1/4개(50g), 당근 20g
[양념] 고춧가루 · 통깨 · 꿀 2작은술씩, 가루간장 · 레몬즙 1작은술씩

[만드는 법]
① 고추는 씻어 반 갈라 속을 깨끗이 파낸다.
② 부추는 송송 썰고, 양파와 당근은 얇게 채 썬다.
③ 볼에 분량의 양념 재료를 섞은 후 준비한 당근, 양파, 부추와 함께 버무린다.
④ ①의 고추에 ③의 속 재료를 꾹꾹 눌러 담는다.

TIP 김치용 고추는 길쭉한 모양을 골라야
고추김치를 담글 때는 고추 모양이 길쭉하고 조금 큰 것으로 고르는 것이 좋아요. 고추의 단맛과 김치 속의 매운맛이 어우러지도록 단맛이 나는 고추로 준비해주세요.

Menu 3 숙주볶음

[재료] 숙주 1줌(50g), 양파 · 당근 20g씩, 빨강 · 노랑 파프리카 약간씩, 레몬 1/2개, 다진 마늘 · 가루간장 1큰술씩, 포도씨유 · 통깨 약간씩

[만드는 법]
① 숙주는 깔끔하게 다듬고 양파는 길이대로 채 썬다.
② 당근과 빨강, 노랑 파프리카는 같은 길이로 채 썬다. 레몬은 즙을 내놓는다.
③ 팬에 포도씨유와 다진 마늘, 가루간장을 넣은 뒤 채 썬 양파와 당근, 파프리카를 먼저 볶는다.
④ 채소가 한숨 익으면 숙주를 더해 살짝 볶은 뒤 레몬즙을 뿌리고 통깨를 뿌려 마무리한다.

TIP 숙주는 가장 나중에 넣어 숨만 죽여야
숙주를 볶을 때는 다른 재료를 볶은 뒤 가장 마지막에 넣어 숨만 죽으면 불을 꺼주세요. 그래야 숙주의 아삭한 식감을 살릴 수 있어요.

Menu 4 채소화채

[재료] 가지 · 오이 20g씩, 빨강 · 노랑 파프리카 20g씩, 금귤 2~3개(20g), 방울토마토 4~5개, 굵은 소금 약간
[화채 국물] 물 1컵, 매실청 · 꿀 · 레몬즙 1큰술씩, 소금 1/4큰술, 애플민트 잎 1장

[만드는 법]
① 가지는 씻어 꼭지를 떼고 길이대로 6등분한다.
② 오이는 굵은 소금으로 손질해 파프리카와 먹기 좋은 크기로 썬다.
③ 금귤과 방울토마토는 꼭지를 떼고 씻는다.
④ 큰 볼에 매실청과 꿀, 레몬즙, 물, 소금을 섞어 화채 국물을 만든다.
⑤ ④에 준비한 채소와 애플민트 잎을 띄운다.

TIP 매실청 대신 오디청을 넣어도 좋아
청을 넣어 만든 채소화채는 새콤달콤하면서도 생채소의 건강한 기운이 넘치는 여름 보양식 입니다. 매실청 대신 오디청을 넣어도 맛이 좋답니다.

menu **4**

상추겉절이

menu **3**

알감자조림

menu **1**

양배추쌈밥

menu **2**

밀고기너비구이

여름

목요일

양배추쌈밥과 밀고기너비구이 밥상

양배추쌈밥 + 밀고기너비구이 + 알감자조림 + 상추겉절이 + 멜론

양배추는 쉽게 구할 수 있는 채소로, 서양에서는 요구르트, 올리브와 함께
3대 장수 식품 가운데 하나로 꼽히지요. 미국 국립암연구소가 선정한
암 예방 중요 식품 가운데 마늘 다음으로 2위에 꼽히기도 했습니다.
여름에는 양배추를 살짝 데쳐 차갑게 냉장고에서 보관한 뒤 쌈밥으로
즐기면 끼니는 물론 갈증까지 한 번에 해소할 수 있습니다.

양배추
하루에 양배추 한 접시를 먹으면
뇌졸중 예방과 혈중 콜레스테롤
수치가 낮아진다고 합니다. 한꺼번에
많이 먹기보다는 규칙적으로
자주 섭취하는 게 좀 더 효과적인
채소입니다. 살짝 데쳐 쌈으로,
생채소 그대로 샐러드로, 기름에 볶은
요리로 다양하게 밥상에 올려보세요.

Menu 1 양배추쌈밥

[재료] 현미밥 1/2공기, 양배추 7장(200g), 쌈장 2큰술, 깨소금 1큰술, 아마씨유 1/4큰술, 잣 약간

[만드는 법]
① 현미밥은 깨소금과 아마씨유로 양념해 버무린다.
② 양배추는 낱장으로 뜯어 김 오른 찜기에 찐다.
③ 찐 양배추에 양념한 밥을 올려 돌돌 만 다음 2cm 두께로 먹기 좋게 자른다.
④ 자른 쌈밥 단면 위에 쌈장을 조금씩 올리고 잣으로 장식한다.

TIP 양배추는 겹겹이 떼어 쪄야
김 오른 찜기에 양배추를 찔 때 한 번에 통째로 넣으면 양배추 속속들이 수증기가 들어가지 않아 시간이 오래 걸리지요. 두어 장씩 겹겹이 놓고 10분 미만으로 쪄주어요.

Menu 2 밀고기너비구이

[재료] 소고기 맛 밀고기(242쪽 참조) 100g, 잣 약간
[간장 양념] 배 1/4개(100g), 양파 1/4개(50g), 채소국물 3큰술, 매실청 1큰술, 가루간장 2/3큰술, 생강즙 1/2작은술, 아마씨유 약간

[만드는 법]
① 믹서에 간장 양념 재료를 모두 넣고 곱게 갈아 양념을 만든다.
② 밀고기 반죽에 간장 양념 1큰술을 넣고 조물조물 무쳐 10분간 재워놓는다.
③ 밑간한 밀고기 반죽은 납작하게 눌러 칼등으로 십자 모양으로 자근자근 두드린다.
④ ③의 밀고기 반죽에 남은 간장 양념을 끼얹는다.
⑤ 달군 팬에 ④를 올려 기름 없이 앞뒤로 구워내 먹기 좋은 크기로 자른 후 칼로 자근자근 다진 잣을 올려 장식한다.

TIP 너비구이는 기름 없이 구워야
너비구이는 기름 없이 자작자작 구워야 부드러워요. 처음에는 강한 불에서 뚜껑을 닫고 익히다가 김이 나면 뚜껑을 열고 약한 불에서 윤기 나게 조립니다. 이후 잣가루를 뿌려 고소한 맛을 더하세요.

Menu 3 알감자조림

[재료] 알감자 6~7개(140g), 당근 20g, 양파 10g
[양념] 채소국물 1과 1/2컵, 가루간장·조청 1작은술씩

[만드는 법]
① 알감자는 껍질을 벗겨 준비한다. 크기가 크면 2등분한다.
② 당근과 양파는 감자와 같은 크기로 썰어 준비한다.
③ 냄비에 분량의 재료를 섞어 끓여 양념장을 만든 뒤 감자와 당근을 넣고 끓인다.
④ ③이 어느 정도 익으면 양파를 넣고 불을 줄여 조린다.

TIP 양념장은 미리 냄비에 끓이기
국물이 자작한 양념장의 경우, 냄비에 양념 재료를 한데 넣고 파르르 한 번 끓여주면 양념 맛이 더 좋아져요. 그다음에 채소를 넣고 조려주면 됩니다.

Menu 4 상추겉절이

[재료] 상추 50g, 양파 20g, 실파 1뿌리
[양념] 매실액·통깨 1큰술씩, 레몬즙 1작은술, 가루간장 1/4작은술

[만드는 법]
① 상추는 깨끗이 씻은 후 먹기 좋게 손으로 뜯는다.
② 양파는 채 썰고 실파는 5cm 길이로 자른다.
③ 볼에 분량의 재료를 모두 넣고 섞어 양념장을 만든다.
④ 상추와 양파, 실파를 양념장에 가볍게 버무린다.

TIP 레몬즙으로 새콤한 맛 내기
자연식 요리에서 신맛은 레몬즙이나 포도식초 등으로 내줍니다. 신맛 나는 양념은 가능한 한 먹기 직전에 넣어야 채소 숨이 죽지 않고 싱싱하게 맛볼 수 있어요.

menu **4**

양배추양파샐러드

menu **3**

동그랑땡

menu **2**

콩나물무냉국

menu **1**

김치쌈밥

여름

금요일

김치쌈밥과 콩나물무냉국 밥상

김치쌈밥 + 콩나물무냉국 + 동그랑땡 + 양배추양파샐러드 + 석류

잘 익은 김장김치도 맛있지만 여름에 바로 담가 먹는 햇김치도 맛있지요.
발효 재료를 쓰지 않는 자연식 김치는 배추의 아삭하고도 상큼한 맛을
그대로 맛볼 수 있습니다. 상큼한 김치를 활용한 김치쌈밥은 또 다른
별미로 더위에 지친 입맛을 잡아주지요. 시원한 콩나물무냉국과 씹히는
맛이 일품인 동그랑땡으로 한낮의 더위를 물리쳐봅니다.

콩나물
<<동의보감>>에 몸이 무겁고
저리거나 근육이 아플 때 도움을
준다고 기술된 콩나물은 숙취
해소뿐만 아니라 피로 회복에도
효과적인 식품입니다. 남은
콩나물은 씻지 말고 검은 봉투에
넣어 냉장 보관해 놓고
빠른 시일 내에 조리합니다.

Menu 1 김치쌈밥

[재료] 현미밥 1과 1/2공기, 배추김치 7장, 깨소금 1큰술, 아마씨유 1/4큰술

[만드는 법]
① 현미밥에 깨소금과 아마씨유를 넣고 고루 섞는다.
② 배추김치는 이파리가 널찍한 것으로 준비해 양념을 털고 물기를 꼭 짠다.
③ 물기를 짠 배추김치를 잘 펴서 줄기 쪽으로 양념한 밥을 주먹으로 길게 뭉쳐 얹어 김밥 말듯이 잘 만다.
④ 잘 말아진 김치쌈밥을 먹기 좋게 2cm 두께로 썬다.

TIP 김장김치는 씻어서 사용
햇김치가 아닌 김장김치로 쌈밥을 해야 한다면 김치가 너무 짜지 않도록 물에 헹궈서 사용하세요. 김치의 간으로 밥이 짤 수 있으므로 밥에 밑간은 하지 않습니다.

Menu 2 콩나물무냉국

[재료] 콩나물 1줌(50g), 무 50g, 채소국물 1컵, 다진 마늘·다진 파·소금 1/4작은술씩, 깨소금 약간

[만드는 법]
① 콩나물을 씻어 다듬고 무는 얇게 채 썬다.
② 냄비에 콩나물과 무, 다진 마늘을 담고 채소국물을 부어 뚜껑을 덮고 끓인다.
③ 무가 익으면 소금으로 간한 뒤 밀폐 용기에 옮겨 담아 냉장고에서 차갑게 보관한다. 먹기 직전에 다진 파와 깨소금을 올린다.

TIP 콩나물과 무가 만나면 소화력도 높아져
콩나물국에 소화효소가 풍부한 무를 넣으면 소화가 촉진되는 효과를 낼 수 있습니다. 콩나물무국은 밀폐 용기에 담아 냉장고에 차갑게 보관했다 먹으면 맛이 더욱 좋아져요.

Menu 3 동그랑땡

[재료] 두부 1/3모(100g), 팽이버섯 1/2봉(50g), 베지버거 50g, 당근 20g, 실파 1뿌리, 전분 2큰술, 다진 마늘 · 포도씨유 1큰술씩

[만드는 법]
① 두부는 물기를 빼고 으깬다.
② 팽이버섯은 밑동을 자르고 송송 썬다.
③ 베지버거는 곱게 다져 준비하고, 당근과 실파도 곱게 다진다.
④ 볼에 으깬 두부와 팽이버섯을 넣고 다진 당근과 실파, 다진 마늘, 전분을 넣어 조물조물 반죽하며 치댄다.
⑤ 달군 팬에 포도씨유를 두르고 ④의 반죽을 한 숟가락씩 떠 넣어 앞뒤로 노릇하게 굽는다.

TIP 고기 맛을 내려면 베지버거 넣기
채식을 하면서도 고기 맛이 그리울 땐 베지버거를 이용해도 좋아요. 베지버거나 베지미트를 넣으면 고기를 넣은 것처럼 식감이 느껴진답니다.

Menu 4 양배추양파샐러드

[재료] 양배추 2~3장(70g), 양파 1/4개(50g)
[파인애플 소스] 파인애플 60g, 레몬즙 3큰술, 꿀 1작은술, 소금 · 통후추 1/4작은술씩

[만드는 법]
① 양배추와 양파는 가늘게 채 썰어 얼음물에 담가둔다.
② 파인애플은 껍질을 벗기고 적당한 크기로 썬다.
③ 믹서에 파인애플과 레몬즙, 꿀, 소금을 넣고 간 후 통후추를 넣어 파인애플 소스를 만든다.
④ 양배추와 양파를 건져 물기를 잘 뺀 뒤 그릇에 담고 파인애플 소스를 곁들인다.

TIP 샐러드용 채소는 찬물에 담갔다 사용
샐러드에 들어가는 채소는 다듬은 뒤 찬물에 담갔다 체에 밭쳐 물기를 꽉 빼고 상에 내기 직전에 소스와 버무리세요. 아삭한 채소의 식감이 잘 살아납니다.

menu
오이샐러드 **4**

menu **3**
밀불고기

menu **1**
보리밥

menu **2**
고추전

여름

토요일

보리밥과 고추전 밥상

보리밥 + 고추전 + 밀불고기 + 오이샐러드 + 쌈다시마 + 수박

어릴 적 시골에서 먹던 여름날의 밥상이 그리운 날, 보리밥을 지어
상을 차려봅니다. 거칠면서도 고소한 보리밥에 밭에서 갓 따 온 싱싱한
풋고추로 전을 부치고, 아삭한 오이로 만든 샐러드를 더하니 푸성귀
가득한 밥상이 한 상 차려집니다. 쌈으로 싸 먹기 좋은 다시마와 시원한
수박 한 쪽만 있으면 여름 점심 밥상이 완성됩니다.

고추
위액 분비를 촉진하는 캡사이신
성분이 함유된 고추는 단백질의
소화를 돕는 식품입니다. 껍질이
단단할수록 매운맛이 강하므로
요리에 따라 골라 쓰지요. 깔끔한
요리를 원한다면 고추를 반 갈라
속을 털어내고 사용하세요.

Menu 1 보리밥

[재료] 보리 · 현미 · 현미찹쌀 1/3컵씩, 물 2컵

[만드는 법]
① 현미, 현미찹쌀은 씻어서 충분히 불린다.
② 보리도 5시간 이상 불린다. 오래 불릴수록 식감이 부드러워진다.
③ 밥솥에 불린 보리, 현미, 현미찹쌀을 담고 물을 부어 밥을 짓는다.
④ 밥이 다 지어지면 고루 섞어 그릇에 담는다.

TIP 보리는 물에 오래 불릴수록 부드러워
보리의 까슬까슬한 식감이 불편하다면 전날 밤
물에 담가 불렸다 밥을 지으세요. 오래 불릴수록
보리의 찰기가 더해져 부드럽게 느껴집니다.

Menu 2 고추전

[재료] 고추 3개, 포도씨유 1큰술, 통밀가루 약간
[소] 베지버거 30g, 팽이버섯 20g, 당근 · 대파 10g씩, 다진 마늘 약간
[반죽] 통밀가루 2큰술, 치자 물 3큰술, 소금 약간
* 치자 물(1/2컵 기준) 치자 2~3개, 물 1/2컵

[만드는 법]
① 고추는 반 갈라 씨를 빼고 팽이버섯은 송송 썰고 당근과 대파는
잘게 다진다.
② 분량의 재료를 넣고 30분간 우려 치자 물을 만든다.
③ 베지버거에 다진 채소와 다진 마늘을 넣고 고루 섞는다.
④ 고추 안쪽에 통밀가루를 솔솔 뿌린 후 ③의 속을 채워 넣는다.
⑤ 볼에 ②의 치자 물과 반죽 재료를 넣고 섞어 속 채운 고추를
앞뒤로 적신 뒤 포도씨유 두른 팬에 노릇하게 굽는다.

TIP 고추 속을 채운 뒤 통밀가루 뿌리기
고추에 소를 넣기 전에 통밀가루를 뿌리면
접착력이 높아져요. 속을 채워 넣은 뒤에도
통밀가루를 한 번 더 뿌리고 반죽을 입히면 속이
단단하게 채워져요.

Menu 3 밀불고기

[재료] 소고기 맛 밀고기(242쪽 참조) 100g, 양파 20g, 시금치 약간
[불고기 양념] 채소국물 2컵, 다진 마늘 · 유기농 원당 1큰술씩,
가루간장 1/2큰술

[만드는 법]
① 소고기 맛 밀고기 반죽은 가로 4cm, 세로 6cm 크기로 얇게
썬다.
② 볼에 분량의 재료를 모두 넣고 섞어 양념장을 만든 후 ①의
밀고기를 재워놓는다.
③ 양파는 채 썰고 시금치는 밀고기 크기에 맞춰 썬다.
④ 달군 팬에 ②의 양념장에 재운 밀고기를 넣고 조린다.
⑤ 밀고기가 거의 익으면 양파와 시금치를 넣고 한 번 더 볶는다.

TIP 채소는 원하는 대로 넣어도 좋아
불고기에 들어가는 채소는 다양해도 무방합니다.
또한 불고기를 국물과 함께 즐기고 싶다면
채소국물의 양을 늘리고 가루간장으로 간을
맞추세요.

Menu 4 오이샐러드

[재료] 오이 1/3개(약 70g), 굵은 소금 약간
[잣 소스] 잣 · 매실액 1큰술씩, 레몬즙 1/2작은술, 가루간장 1/4작은술

[만드는 법]
① 오이는 굵은 소금으로 문질러 씻은 후 동글게 썬다.
② 잣을 칼로 자근자근 다진 후 매실액, 레몬즙, 가루간장을 넣고
소스를 만든다.
③ 오이에 소스를 뿌리고 버무린다.

TIP 상큼하면서도 고소한 잣 소스
오이는 샐러드의 주재료이지요. 어떤 소스와도
잘 어울립니다. 상큼한 오이 맛을 그대로
즐기고 싶다면 매실액을 베이스로 한 소스가
잘 어울립니다.

menu **2**
미역오이냉국

menu **4**
쑥갓겉절이

menu **1**
애호박볶음밥

menu **3**
두부찜

여름
일요일

애호박볶음밥과 미역오이냉국 밥상

애호박볶음밥 + 미역오이냉국 + 두부찜 + 쑥갓겉절이 + 말린 과일 + 적포도

애호박은 여름 내내 이리저리 즐기기 좋은 식재료이지요. 한여름이 제철인
애호박은 소화기관을 보호하고 기운을 더해주는 이로운 채소입니다.
늙은호박이나 단호박에 비해 소화 흡수가 잘 되어 이유식이나 환자식으로도
더없이 좋답니다. 먹을거리만큼은 주변에 흔할 때가 좋은 것입니다.

애호박
은은한 단맛에 부드러운 식감으로
남녀노소에게 사랑받는 여름 제철
재료입니다. 가격도 저렴해 여름
내내 밥상에 올리기 좋지요. 나물,
전, 지짐, 찌개 등 어떤 요리에도
잘 어울린답니다. 잘랐을 때
씨앗이 너무 큰 것은
오래된 것이므로 피하세요.

Menu 1 애호박볶음밥

[재료] 현미밥 2/3공기, 애호박 1개(270g), 팽이버섯 1/2봉(50g),
베지버거 20g, 깨소금 1큰술, 가루간장 1/2작은술, 아마씨유 1/4작은술

[만드는 법]
① 애호박은 깨끗이 씻어 길게 반으로 자른 뒤, 한 쪽은 칼집을 내고
속을 통째로 파내 그릇을 만든다.
② 애호박의 나머지 반쪽은 사방 1cm 크기로 깍둑 썬다.
③ 팽이버섯은 밑동을 자르고 5cm 길이로 썬다.
④ 팬에 아마씨유를 두르고 현미밥과 애호박, 팽이버섯, 베지버거를
넣고 볶다가 깨소금과 가루간장을 넣어 간을 한다.
⑤ ①의 애호박 그릇에 ④의 애호박볶음밥을 담는다.
⑥ 180℃로 예열한 오븐에 10분간 노릇하게 구워낸다.

TIP 그릇용 애호박은 너무 두껍지 않게
그릇으로 사용할 애호박은 너무 두껍지
않게 준비해야 오븐에서도 잘 구워집니다.
애호박볶음밥 위에 아몬드, 호두, 잣 등의
견과류 가루를 뿌려 구워내면 더욱 고소하게
즐길 수 있답니다.

Menu 2 미역오이냉국

[재료] 냉국용 미역 5g, 오이 1/4개(50g), 홍고추 1개, 굵은 소금 약간
[냉국 국물] 채소국물 1과 1/5컵, 레몬즙 1큰술, 깨소금 1작은술,
꿀 1/2작은술, 가루간장 1/4작은술, 다진 마늘 약간

[만드는 법]
① 냉국용 미역은 물에 불린 후 깨끗이 씻어 적당한 크기로 자른다.
② 오이는 굵은 소금으로 손질한 뒤 가늘게 채 썬다.
③ 홍고추는 얇게 송송 썬다.
④ 채소국물을 차게 식혀 레몬즙, 깨소금, 꿀, 가루간장을 넣어
새콤달콤한 냉국 국물을 만든다.
⑤ 그릇에 미역과 오이를 담고 냉국 국물을 붓는다.
⑥ 다진 마늘을 약간 넣고 홍고추를 띄워 마무리한다.

TIP 오이와 홍고추 양은 취향껏 넣기
냉국에 들어가는 미역 외에 채소인 오이와
홍고추는 입맛에 따라 양을 조절해도 좋아요.
자극적인 음식이 불편하다면 홍고추의 양을
줄이세요. 냉국의 국물은 새콤달콤해야 미역이
흐물거리지 않아요.

Menu 3 두부찜

[재료] 두부 1/2모(150g), 표고버섯 1개(25g), 양파 30g, 부추 10g,
베지버거 · 전분 1큰술씩, 가루간장 1/2작은술, 다진 마늘 약간

[만드는 법]
① 두부는 반으로 자른 다음 1cm 두께로 썰어서 물기를 제거한다.
② 표고버섯과 양파는 잘게 다지고, 부추는 깨끗이 씻어 통째로
끓는 물에 살짝 데친다.
③ 볼에 다진 표고버섯과 양파를 담고 베지버거, 전분 1/2큰술,
가루간장, 다진 마늘을 넣어 고루 섞는다.
④ ①의 두부 한쪽을 깔고 남은 전분을 살짝 묻힌 다음 ③의 재료를
올려 다시 전분을 묻힌 두부로 덮는다.
⑤ 데친 부추로 ④의 가운데를 묶어 고정시킨 후 김 오른 찜솥에
6~7분간 찐다.

TIP 두부 물기를 잘 빼야 부서지지 않아
두부찜에 속 재료를 넣은 뒤 모양이 흐트러지지
않게 하기 위해서는 두부의 물기부터 잘 빼야
합니다. 물기를 잘 빼야 단단하게 부칠 수
있습니다.

Menu 4 쑥갓겉절이

[재료] 쑥갓 1줌(40g)
[양념] 레몬즙 1큰술, 꿀 1작은술, 통깨 1/2작은술, 가루간장 1/4작은술,
다진 마늘 약간

[만드는 법]
① 쑥갓은 흐르는 물에 씻어 물기를 뺀 뒤 손으로 적당한 크기로
뜯는다.
② 볼에 분량의 양념 재료를 모두 넣고 섞어 양념장을 만든다.
③ 볼에 쑥갓을 담고 양념장을 넣어 버무린다.

TIP 샐러드처럼 즐기는 겉절이
쑥갓으로 즉석에서 만들어 먹는 겉절이입니다.
고춧가루나 갖가지 양념 대신 레몬즙과 꿀,
가루간장으로 간해 담백하게 즐겨보세요.

자연식 쌈장 담그기

자연식 쌈장 담그기

[재료] 대두 60g, 양파 30g, 대파 1/2대, 채소국물 3큰술, 된장 4작은술, 고추장 2작은술, 가루간장 · 다진 마늘 · 깨소금 1큰술씩

[만드는 법]
① 대두는 깨끗이 씻어 일어서 압력솥에 3배의 물을 붓고 삶는다.
② 압력솥의 추가 흔들리면 5분 뒤에 불을 끄고 김이 빠지고 나면 꺼내 체에 밭친다.
③ 체에 밭친 삶은 콩은 절구에 알갱이가 씹힐 정도로 찧거나 그대로 사용한다.
④ 양파는 다지고 대파는 송송 썬다.
⑤ 삶아 찧은 대두에 분량의 된장과 고추장을 더해 고루 섞는다.
⑥ ⑤에 채소국물, 가루간장, 다진 마늘, 깨소금을 넣어 섞는다.
⑦ 준비한 다진 채소를 넣어 한데 섞어 쌈장을 만든다.

각양각색의 쌈채소를 즐겨 먹는 여름철에 꼭 필요한 장이 쌈장입니다. 쌈장은 대두를
삶아 각종 채소와 채소국물을 넣고 가루간장으로 간을 해 만들지요. 영양소가 풍부한
콩을 쉽게 섭취할 수 있을뿐더러 각종 채소를 맛깔스럽게 먹을 수 있도록 도와주는
양념장입니다. 맵게 먹고 싶다면 고춧가루나 고추장을 가미해도 됩니다. 쌈장으로
나물 무침을 할 때는 잣이나 캐슈너트, 아몬드 등 견과류를 부숴 넣으면 맛이
더 고소해집니다.

menu **3**
파전

menu **2**
버섯전골

menu **1**
옥수수밥

menu **4**
애호박나물

가을

월요일

옥수수밥과 버섯전골 밥상

옥수수밥 + 버섯전골 + 파전 + 애호박나물 + 쌈채소 + 배

여름에 수확한 옥수수로 밥을 지어봅니다. 알알이 떼어 현미, 현미찹쌀과
함께 넣어 밥을 지으면 밥상에 은은한 단내가 진동하지요. 가을 보약이라
불리는 버섯으로는 보글보글 전골을 끓입니다. 쪽파와 제철 채소를 부친
파전과 채소국물과 가루간장에 쓱싹 무쳐낸 애호박나물까지 곁들이면
가을 점심 밥상이 만찬이 됩니다.

옥수수
간식거리인 옥수수는 자연식 밥상에서
주식이 됩니다. 알갱이를 떼어 밥을
짓기도 하고, 통으로 구워 반찬으로
먹기도 하고, 가루를 내어 떡이나 빵
등을 만들기도 하지요. 지방 함량이
낮아 다이어트에도 효과적이며, 수염은
차로 마시면 이뇨 작용에 좋습니다.

Menu 1 옥수수밥

[재료] 옥수수 1/2개, 현미 · 현미찹쌀 1/2컵씩, 물 2컵

[만드는 법]
① 현미와 현미찹쌀을 섞어 물에 씻은 다음 충분히 불린다.
② 옥수수는 껍질을 벗겨 알갱이를 하나씩 떼어 준비한다.
③ 밥솥에 불린 현미와 현미찹쌀을 담고 옥수수 알을 얹어 밥을 짓는다.
④ 밥이 다 지어지면 고루 섞어 그릇에 담는다.

TIP 옥수수는 먹기 전에 잎을 벗겨야
옥수수 잎을 먼저 벗겨놓으면 옥수수가 건조해져 맛이 떨어져요. 옥수수는 먹기 직전에 껍질을 벗겨 사용합니다.

Menu 2 버섯전골

[재료] 새송이버섯 · 표고버섯 40g씩, 느타리버섯 15g, 콩나물 · 단호박 40g씩, 미나리 20g, 홍고추 · 대파 약간씩, 채소국물 1과 1/2컵, 가루간장 1/2큰술
[양념] 고춧가루 2큰술, 가루간장 · 다진 대파 · 채소국물 1큰술씩, 다진 마늘 1/2작은술, 소금 1/4작은술

[만드는 법]
① 새송이버섯, 표고버섯은 큼직하게 썰고, 느타리버섯은 손으로 찢는다.
② 볼에 분량의 재료를 섞어 되직하게 양념장을 만든다.
③ 콩나물과 단호박은 손질하고, 단호박은 먹기 좋게 썬다.
④ 미나리는 5cm 길이로 자르고 홍고추와 대파는 채 썬다.
⑤ 전골냄비에 단호박과 콩나물을 깔고 그 위에 준비한 버섯들을 보기 좋게 돌려가며 담고 미나리와 대파를 얹는다.
⑥ ②의 양념장을 얹고 양념장이 씻겨 내려가지 않도록 채소국물을 가장자리로 돌려 부어 끓인다. 가루간장으로 간을 맞춘다.

TIP 냄비에 단호박→콩나물→버섯→미나리 순
전골을 끓일 때 재료는 익는 시간에 따라 차곡차곡 넣습니다. 가장 오래 걸리는 단호박을 바닥에 깔고, 맨 위에는 미나리를 얹어요.

Menu 3 파전

[재료] 쪽파 6뿌리, 양송이버섯 1개(20g), 포도씨유 약간
[반죽] 통밀가루 5큰술, 치자 물 6큰술, 소금 1/4작은술
* 치자 물(1/2컵 기준) 치자 2~3개, 물 1/2컵

[만드는 법]
① 쪽파는 흐르는 물에 손질해 길이로 2등분한다.
② 양송이버섯은 밑동을 자르고 흐르는 물에 씻어 슬라이스한다.
③ 분량의 재료를 넣고 30분간 우려 치자 물을 만든다.
④ 볼에 통밀가루와 치자 물을 섞은 뒤 소금으로 간해 치자 반죽을
만든다.
⑤ 쪽파를 치자 반죽에 담갔다가 포도씨유를 두른 팬에 올린다.
⑥ 양송이버섯을 치자 반죽에 담갔다 건져 ⑤에 올린 후 앞뒤로
노릇하게 굽는다.

TIP 버섯을 넣어 식감 높여
자연식 파전에서 버섯의 역할은 해물파전의
새우와 같지요. 꼭 반듯하게 줄을 세워 올리지
않아도 됩니다. 양송이버섯 대신 팽이버섯을
넣어도 좋아요.

Menu 4 애호박나물

[재료] 애호박 1/3개(90g), 양파 20g, 홍고추 1개, 채소국물 3큰술,
포도씨유 · 통깨 1큰술씩, 다진 마늘 · 가루간장 1/2작은술씩, 아마씨유 약간

[만드는 법]
① 애호박은 반달모양으로 썰고, 양파는 채 썰고 홍고추는 송송
썰어 준비한다.
② 포도씨유를 두른 팬에 다진 마늘을 넣어 볶다가 채소국물과
가루간장을 넣고 간이 배도록 조린다.
③ 애호박을 넣어 어느 정도 익으면 양파와 홍고추를 넣고 뒤적여서
양파가 숨이 죽으면 불을 끈다.
④ 불 끄기 직전에 통깨와 아마씨유를 넣고 한 번 섞는다.

TIP 마늘을 좋아한다면 편 썰어 넣기
싱싱한 채소를 볶아낸 요리입니다. 마늘을
좋아한다면 다진 마늘 대신 마늘을 편 썰어 넣고
함께 볶아내도 맛있어요. 애호박나물을 좀 더
오래 먹고 싶다면 씨 부분을 제거하고 살짝 절여
사용하세요.

menu **4** 연근절임

menu **2** 시금치된장국

menu **3** 단호박전

menu **1** 우엉당근밥

가을

화요일

우엉당근밥과 시금치된장국 밥상

우엉당근밥 + 시금치된장국 + 단호박전 + 연근절임 + 물미역 + 청포도

여름철 뜨거운 햇살을 견뎌낸 뿌리채소는 비타민과 섬유소 등 영양이
듬뿍 담겨 있는 가을 보약입니다. 땅의 기운을 듬뿍 간직해 항산화 물질
또한 풍부하지요. 생으로, 조림으로, 무침으로, 별미 밥으로 즐겨보세요.
현미와 함께 지은 우엉당근밥과 새콤하게 절인 연근절임으로 가을날
땅의 기운을 밥상에 전합니다.

우엉
우엉은 예부터 인내심을 길러주는
채소로 알려져 있어 사찰에서 많이
먹던 음식이지요. 중금속 해독 및 항암
작용에 효과적이며, 풍부한 식이섬유로
다이어트에도 도움이 됩니다. 우엉이
너무 질기게 느껴진다면 연필 깎듯
돌려서 채 썰어 쓰세요.

Menu 1 우엉당근밥

[재료] 우엉 50g, 당근 1/4개(50g), 현미 · 현미찹쌀 1/2컵씩, 물 2컵

[만드는 법]
① 현미와 현미찹쌀을 섞어 물에 씻은 다음 충분히 불린다.
② 우엉은 껍질을 벗기고 필러로 돌려가며 연필을 깎듯이 얇게 깎는다.
③ 당근은 잘 씻어 우엉과 같은 길이로 채 썬다.
④ 밥솥에 불린 현미와 현미찹쌀을 담고 채 썬 우엉과 당근, 분량의 물을 넣어 밥을 짓는다.
⑤ 밥이 다 지어지면 고루 섞어 그릇에 담는다.

TIP 조리 시간이 긴 우엉은 얇게 깎아 넣기
딱딱한 우엉은 다른 재료에 비해 익는 시간이 긴 편이지요. 다른 채소와 함께 넣어 요리를 해야 한다면 필러로 얇게 깎아 조리하세요.

Menu 2 시금치된장국

[재료] 시금치 1줌(50g), 된장 1큰술, 채소국물 2컵, 다진 마늘 · 가루간장 1작은술씩

[만드는 법]
① 시금치는 깨끗이 씻어 먹기 좋은 크기로 썬다.
② 된장을 체에 담아 분량의 채소국물에 거른다.
③ 된장을 푼 채소국물에 다듬은 시금치를 넣고 끓인다.
④ 한숨 끓으면 다진 마늘과 가루간장을 넣어 간한다.

TIP 된장은 체에 걸러 풀어야 맑아
시금치처럼 잎채소가 들어가는 된장국은 맑게 끓여내야 텁텁하지 않고 맛있습니다. 고운 체에 된장을 거르면 그만큼 국물이 맑아지지요.

Menu 3 단호박전

[재료] 단호박 1/3개(200g), 고구마 전분 150g, 소금 1/4작은술,
포도씨유 적당량

[만드는 법]
① 단호박은 껍질을 벗기고 속을 파낸 후 곱게 채를 썬다.
② 채 썬 단호박에 소금을 뿌려 간한다.
③ ②에 고구마 전분을 넣어 고루 버무린다.
④ 달군 팬에 포도씨유를 두르고 버무린 호박을 적당량 집어서
노릇하게 굽는다.

TIP 채 썬 단호박에 직접 전분 섞기
단호박전은 따로 반죽 없이 전분을 섞어
손으로 적당히 집어 팬에 올려 구워주세요.
중불에서 누르지 말고 한 번만 뒤집어
노릇하게 부치면 됩니다.

Menu 4 연근절임

[재료] 연근 35g, 물 1/3컵, 레몬즙 1작은술, 꿀 1/2작은술, 소금 1/4작은술,
허브 잎 약간

[만드는 법]
① 연근은 껍질을 벗기고 슬라이스해 먹기 좋은 크기로 썬다.
② 물에 레몬즙과 꿀, 소금을 넣어 새콤달콤한 맛을 낸다.
③ ②에 얇게 썬 연근을 넣어 30분 정도 재운다.
④ 상에 낼 때는 국물을 자작하게 붓고 허브 잎을 한두 장 띄운다.

TIP 레몬즙을 넣으면 연근의 갈변 막아
레몬즙의 신맛이 연근의 갈변을 막아
새하얀 연근의 색이 변하지 않아요. 색을
넣어 더 맛있게 보이고 싶다면 비트를 갈아
넣거나 치자 물을 조금 넣어도 좋습니다.

menu **4**
생미역냉국

menu **2**
버섯무조림

menu **1**
은행밤밥

menu **3**
밀고기떡말이갈비

가을
수요일

은행밤밥과 버섯무조림 밥상

은행밤밥 + 버섯무조림 + 밀고기떡말이갈비 + 생미역냉국 + 쌈채소 + 적포도

은행, 밤, 잣 등의 토종 견과류도 가을이 제철이지요. 견과류는
필수지방산뿐만 아니라 각종 영양 성분이 가득해 몸에 이로운 항암
식품이기도 합니다. 무르익어 알차진 햇견과류를 이용해 가을 느낌 물씬
담은 제철 영양밥을 지어 보세요. 은행과 밤은 피로를 풀어주고 면역력을
강화시켜주는 성질이 있어 여름철 떨어진 체력을 보충하기 좋습니다.

은행
혈액순환을 돕고 혈액의 노화를
막아주는 은행은 생으로, 혹은
살짝 굽거나 볶아 먹는 식품입니다.
속껍질은 기름 두른 팬에 살짝 볶아
키친타월로 문지르면 쉽게 벗겨집니다.
너무 오래 볶지 않는 게 은행의
영양분을 그대로 즐기는 비법입니다.

Menu 1 은행밤밥

[재료] 은행 8알, 밤 4톨, 현미·현미찹쌀 1/2컵씩, 물 2컵, 포도씨유 약간

[만드는 법]
① 현미와 현미찹쌀을 섞어 물에 씻은 다음 충분히 불린다.
② 은행은 포도씨유를 살짝 두른 팬에 볶아 속껍질을 벗겨
준비한다.
③ 밤은 물에 불려 겉껍질과 속껍질을 벗기고 먹기 좋게 2등분한다.
④ 밥솥에 불린 현미와 현미찹쌀을 담고 은행과 밤을 얹어 물을 붓고
밥을 짓는다.
⑤ 밥이 다 지어지면 고루 섞어 그릇에 담는다.

TIP 은행 속껍질은 약불에서 벗겨야
은행 속껍질은 살짝 기름 두른 팬에서 은행이
푸른빛이 돌 때까지 볶아내면 잘 벗겨집니다.
은행은 쉽게 탈 수 있으므로 약불에서
볶아주세요.

Menu 2 버섯무조림

[재료] 새송이버섯 4개(100g), 무 150g
[조림 양념] 채소국물 1컵, 양파 30g, 대파 흰 부분 10cm,
고춧가루·가루간장 1큰술씩, 다진 마늘 1/2큰술, 쌈장·조청 1작은술씩

[만드는 법]
① 새송이버섯은 도톰하게 썰고, 무는 깨끗이 씻어 먹기 좋은 크기로
잘라 모서리 부분을 돌려 깎는다.
② 조림 양념에 들어가는 대파는 송송 썰고 양파는 다진다.
③ 채소국물을 조금 덜어 분량의 재료를 섞어 조림 양념장을 만든다.
④ 냄비에 남은 채소국물을 담고 무를 깐 다음 버섯을 얹은 후
양념장의 절반을 올려 뚜껑을 닫고 센 불에 끓인다.
⑤ ④가 끓으면 불을 줄인 후 뚜껑을 열고 남은 양념장을 끼얹어
가며 무가 푹 익도록 조린다.

TIP 무는 둥글게 돌려 깎으면 색달라
조림에 들어가는 무는 모서리를 둥글게 돌려
깎으면 보기에도 좋고, 재료와도 잘 어울려
보인답니다. 껍질을 벗긴 밤 알맹이 같지요.
버섯은 익으면서 물이 나므로 물을 많이 넣지
않습니다.

Menu 3 밀고기떡말이갈비

[재료] 소고기 맛 밀고기(242쪽 참조) 70g, 떡볶이 떡 10개

[조림 간장] 말린 대추 3~4알, 말린 고추 1개, 사과 · 배 60g씩,
양파 1/4개(50g), 새송이버섯 10g, 국간장 4큰술, 조청 3큰술,
다진 파 1큰술, 다진 생강 1/2큰술, 매실청 4작은술, 다진 마늘 2작은술

[만드는 법]
① 밀고기 반죽을 납작하게 펼쳐 가늘고 길게 썰어 준비한다.
② 떡볶이 떡은 가닥가닥 나눠 준비한다.
③ 조림 간장 재료는 모두 갈아 냄비에서 걸쭉해질 때까지 끓인다.
④ 끓으면 약불에서 저어가며 끓이다가 ①의 밀고기를 넣고 조린다.
⑤ 떡볶이 떡은 팬에 살짝 굽는다.
⑤ ④의 밀고기를 펴고 위에 구운 떡볶이 떡을 얹어 돌돌 말아
고정시킨다.

TIP 밀고기로 떡볶이 떡을 돌돌 말아
구운 떡에 조림 간장에 조려낸 밀고기를 돌돌
말아줍니다. 식성에 따라 잣이나 호두를 다져
뿌려 먹으면 더욱 고소해요.

Menu 4 생미역냉국

[재료] 생미역 150g, 실파 1뿌리

[냉국 국물] 채소국물 1컵, 레몬즙 1큰술, 매실액 · 꿀 1작은술씩,
가루간장 1/4작은술, 다진 마늘 · 통깨 약간씩

[만드는 법]
① 생미역은 물에 박박 문질러 깨끗이 씻는다.
② 씻은 생미역은 길이로 잡고 손으로 훑어 물기를 빼고 먹기 좋은
크기로 썬다.
③ 실파는 4~5cm 길이로 썬다.
④ 냉국 국물 재료를 모두 섞어 냉국 국물을 만든다.
⑤ 볼에 미역을 담고 ④의 냉국 국물을 붓는다.

TIP 생미역은 손질에 보다 신경 써야
생미역은 물에서 박박 씻은 뒤 물기를 쫙 빼고
요리해야 합니다. 소쿠리에 밭쳐서는 물기가 잘
빠지지 않으므로, 한쪽 끝을 잡고 길게 늘어뜨린
후 손으로 훑어 물기를 빼줘야 해요.

menu

4

도토리묵무침

menu

3

두부탕수

menu

2

미역국

menu

1

팥잡곡밥

가을

목요일

팥잡곡밥과 미역국 밥상

> 팥잡곡밥 + 미역국 + 두부탕수 + 도토리묵무침 + 데친 쌈채소 + 파인애플

쌀쌀한 바람이 불면 따끈하고 속을 덥혀주는 음식이 슬슬 그리워집니다.
이러한 몸의 변화에 가장 잘 맞춰줄 수 있는 재료가 제철 재료이겠지요.
갓 수확한 잡곡으로 밥을 짓고 슬슬 맛을 더해가는 미역국으로 따뜻한
밥상을 차립니다. 언제고 좋은 반찬이 되어주는 두부로 맛난 탕수를
만들고, 가을을 맞아 더 고소해진 도토리묵을 무쳐 햇살 좋은 가을 점심
밥상을 완성합니다.

두부
콩으로 만든 두부는 자연식 요리에
즐겨 사용되는 고단백 식품입니다.
두부는 조리 전에 키친타월이나
면보로 물기를 빼고 살짝만 익혀야
식감이 좋답니다. 요리 후 남는
두부는 물에 담가 냉장 보관하고,
이때 소금을 약간 넣으면 신선함을
좀 더 유지할 수 있습니다.

Menu 1 팥잡곡밥

[재료] 팥 2큰술, 현미 · 현미찹쌀 · 기장 1/4컵씩, 물 3컵, 소금 약간

[만드는 법]
① 현미와 현미찹쌀을 섞어 물에 씻은 다음 충분히 불린다.
② 팥과 기장도 각각 잘 일어서 물에 불려둔다.
③ 밥솥에 불린 잡곡을 한데 담고 물을 부은 다음 소금을 약간 넣어 밥을 짓는다.
④ 밥이 다 지어지면 고루 섞어 그릇에 담는다.

TIP 팥잡곡밥을 지을 땐 소금 간을 해야
잡곡은 충분히 불린 뒤 밥을 지어야 소화가 잘 된답니다. 팥을 넣어 짓는 잡곡밥이라면 소금 간을 약간 해야 맛이 더욱 좋아요.

Menu 2 미역국

[재료] 마른 미역 5g, 베지미트 50g, 채소국물 4컵, 가루간장 1큰술, 아마씨유 1/4작은술

[만드는 법]
① 마른 미역은 찬물에 부드럽게 불린 다음 먹기 좋은 크기로 자른다.
② 베지미트는 먹기 좋은 크기로 썰어 준비한다.
③ 불린 미역에 베지미트를 넣고 가루간장을 뿌려 골고루 무쳐서 5분 정도 재워둔다.
④ 버무린 미역과 베지미트를 냄비에 넣고 기름 없이 살짝 볶다가 채소 국물을 부어 끓인다.
⑤ 마지막으로 아마씨유를 넣어 마무리한다.

TIP 베지미트를 넣어 고기 국물 내기
미역국에 베지미트를 넣으면 소고기미역국 맛이 나지요. 이때 베지미트는 미역과 가루간장을 넣어 잠시 버무렸다 국을 끓여야 맛이 한데로 어울릴 수 있답니다.

Menu 3 두부탕수

[재료] 두부 1/2모(150g), 파프리카 30g, 오이 · 당근 · 양파 20g씩,
전분 3큰술, 소금 약간, 포도씨유 넉넉히
[양념] 채소국물 1컵, 레몬즙 · 꿀 · 물 · 전분 1큰술씩, 가루간장 1작은술

[만드는 법]
① 두부는 도톰하게 썰어 소금을 뿌려 밑간해 두었다가 물기를 뺀다.
② 오이는 슬라이스하고, 당근은 반 잘라 반달 썬다.
③ 물기를 뺀 두부에 전분을 묻혀 옷을 입힌 뒤 포도씨유를 넉넉히
두른 팬에 튀기듯 굽는다. 파프리카와 양파도 먹기 좋게 썬다.
④ 냄비에 채소국물, 레몬즙, 꿀, 가루간장을 넣어 끓인다.
⑤ 끓으면 당근을 넣고 물과 전분 1큰술을 넣어 걸쭉하게 만든다.
⑥ 국물이 걸쭉해지면 오이와 양파, 파프리카를 넣어 한 번 휘저은 뒤
불을 끄고 튀긴 두부에 끼얹는다.

TIP 두부는 물기를 짝 빼고 튀겨야
두부로 튀김 요리를 할 때는 반드시 면보나
키친타월로 물기를 뺀 뒤 전분을 묻혀 튀겨야
합니다. 현미찹쌀가루를 전분처럼 이용해도
되어요.

Menu 4 도토리묵무침

[재료] 도토리묵 1/2모(200g), 오이 · 양파 1/4개(50g)씩, 홍고추 1/2개,
미나리 3줄기, 쪽파 1뿌리
[양념] 채소국물 3큰술, 고춧가루 · 가루간장 · 깨소금 1작은술씩,
아마씨유 · 다진 마늘 약간씩

[만드는 법]
① 도토리묵은 씻어서 먹기 좋은 크기로 잘라 물에 살짝 데친다.
② 오이와 홍고추는 어슷하게, 양파는 가늘게 채를 썬다.
③ 미나리와 쪽파는 4~5cm 길이로 자른다.
④ 볼에 분량의 양념 재료를 한데 넣고 섞어 양념장을 만든다.
⑤ 도토리묵과 준비한 채소를 모두 보기 좋게 담아 양념장을
곁들인다.

TIP 도토리묵은 한 번 데쳐야 쫄깃해
도토리묵은 냉장 상태로 조리하면 탄력을 잃어
쉽게 부서지고 갈라집니다. 먹기 좋은 크기로
잘라 끓는 물에 살짝 데치면 쫄깃함이 살아나
잘 부서지지 않고 식감도 좋아져요.

menu **2**
모둠버섯들깨찜

menu **3**
파나물

menu **4**
연근조림

menu **1**
단호박밥

가을

금요일

단호박밥과 모둠버섯들깨찜 밥상

단호박밥 + 모둠버섯들깨찜 + 파나물 + 연근조림 + 쌈채소 + 감

가을은 여름을 나느라 지치고 허약해진 몸을 추스르는 때이기도 하지요.
버섯과 들깨로 체력을 보하고 몸을 따뜻하게 하는 보양식을 만들었습니다.
보양식 하나만 먹어도 든든하지만 통곡식으로 만든 밥과 갓 수확한
제철 채소로 만든 반찬을 더하니 든든한 보양 식단이 차려집니다.
가을볕에 당도를 높인 감도 더했습니다.

대파
양파, 마늘과 함께 요리에 자주 사용되는
향신료 채소입니다. 영양소도 높고 맛도
좋지요. 대파 푸른 잎에는 베타카로틴과
비타민 A가 함유되어 있으며, 흰 부분에는
피로 회복에 좋은 알리신이라는 성분이
집중되어 있습니다.

Menu 1 단호박밥

[재료] 단호박 1/4개(150g), 현미 · 현미찹쌀 1/2컵씩, 물 2컵

[만드는 법]
① 단호박은 껍질을 벗기고 속을 파낸 다음 사방 1cm 크기로 깍둑 썬다.
② 현미와 현미찹쌀을 섞어 물에 씻은 다음 충분히 불린다.
③ 밥솥에 불린 현미와 현미찹쌀을 담고 깍둑 썬 단호박을 얹어 물을 붓고 밥을 짓는다.
④ 밥이 다 지어지면 고루 섞어 그릇에 담는다.

TIP 단호박은 잡곡과 함께하면 영양 만점
단호박은 잡곡이나 견과류와 함께 조리하면 영양 섭취율이 높아집니다. 밥에 넣는 단호박은 너무 크지 않게 깍둑 썰기를 해주세요.

Menu 2 모둠버섯들깨찜

[재료] 팽이버섯 · 느타리버섯 30g씩, 표고버섯 · 양송이버섯 15g씩, 부추 20g
[양념] 들깨가루 1/2컵, 채소국물 3컵, 찹쌀가루 2큰술, 소금 1/4작은술

[만드는 법]
① 버섯 종류는 모두 깨끗이 손질해 적당한 크기로 썰거나 손으로 찢는다.
② 부추는 밑단을 정리한 뒤 5cm 길이로 썬다.
③ 냄비에 채소국물을 담고 손질한 버섯들을 넣어 끓이다가 들깨가루와 찹쌀가루를 풀어 넣는다.
④ 들깨가루와 찹쌀가루가 익어 걸쭉해지면 소금으로 간해 좀 더 불에 두었다가 불을 끈다.
⑤ 상에 내기 전에 부추를 올린다.

TIP 부추는 먹기 직전에 넣어야
향채소인 부추를 뜨겁게 조리할 때는 마지막 단계에 넣어 김만 죽여야 향이 사라지지 않습니다. 들깨찜에 들어가는 들깨는 아주 곱게 갈아야 식감이 부드럽습니다.

Menu 3 파나물

[재료] 쪽파 10뿌리, 깨소금 1/2작은술, 가루간장 1/4작은술, 아마씨유 약간

[만드는 법]
① 쪽파는 다듬어 씻은 후 끓는 물에 담갔다 바로 건진다.
② 건진 쪽파는 찬물에 헹궈 물기를 적당히 뺀다.
③ 물기 뺀 쪽파를 적당한 크기로 썬 후 깨소금과 가루간장,
아마씨유를 넣고 무친다.

TIP 대파와 쪽파 중 제철 재료로 선택
파나물의 파는 주로 쪽파를 사용합니다. 하지만
제철 재료를 사용하면 더 맛있지요. 대파가
단맛이 나는 겨울에는 대파를 쓰고, 봄과
여름에는 쪽파를 사용해요.

Menu 4 연근조림

[재료] 연근 150g, 채소국물 1컵, 조청 3큰술, 가루간장 1작은술,
통깨 1/4작은술, 아마씨유 약간

[만드는 법]
① 연근은 껍질을 벗기고 슬라이스한다.
② 냄비에 연근을 담고 연근이 잠길 정도로 채소국물을 부어 끓인다.
③ 연근이 반 정도 익었을 때 조청과 가루간장을 넣고 국물이
자작해지고 연근에 색이 날 정도까지 조린다.
④ 불을 끄고 통깨와 아마씨유를 넣어 마무리한다.

TIP 연근부터 넣어 익힌 뒤 간해야
연근은 간이 되면 잘 익지 않습니다. 연근조림을
할 때는 먼저 연근만 넣고 끓여 어느 정도 익은
후에 가루간장으로 간을 하세요.

menu **3**

오이양파볶음

menu **4**

삼색조림

menu **2**

밀고기새송이보쌈

menu **1**

연근밥

가을

토요일

연근밥과 밀고기새송이보쌈 밥상

연근밥 + 밀고기새송이보쌈 + 오이양파볶음 + 삼색조림 + 데친 배추 + 석류

현미밥에 여러 가지 채소나 견과류, 잡곡류를 넣은 별미 밥은
재료들이 어우러져 입맛을 돋우고 밥상을 단조롭지 않게 해줍니다.
밥만으로는 섭취하기 어려운 영양소가 듬뿍 들어 있으니 밥 한 공기에
가을이 들어 있습니다. 가을 제철의 버섯과 우엉, 연근 등으로 밥상
곳곳에 활력을 더하세요.

연근
늦가을부터 제철인 연근은 단백질
소화를 촉진하는 뮤신을 비롯해
염증을 가라앉히고 빈혈에 좋은
타닌을 함유하고 있는 약용
식품입니다. 요리뿐 아니라 연근을
달여 물을 마시면 불면증은 물론
구취 제거에도 효과적이지요.

Menu 1 연근밥

[재료] 연근 100g, 현미 · 현미찹쌀 1/2컵씩, 물 2컵

[만드는 법]
① 현미와 현미찹쌀은 물에 씻어 충분히 불린다.
② 연근은 필러로 껍질을 벗긴 뒤 한입 크기로 썬다.
③ 밥솥에 현미, 현미찹쌀을 담고 연근을 얹어 물을 붓고 밥을 짓는다.
④ 밥이 다 지어지면 고루 섞어 그릇에 담는다.

TIP 물은 쌀 양에 맞춰 넣어야
연근이나 옥수수, 단호박, 감자 등을 넣고 현미밥을 지을 때 물의 양은 쌀의 양에 맞추면 됩니다. 물 양은 따로 잡지 않아도 재료 속 수분으로 충분히 익기 때문이지요.

Menu 2 밀고기새송이보쌈

[재료] 소고기 맛 밀고기(242쪽 참조) 60g, 새송이버섯 2개, 포도씨유 약간
[조림 간장] 말린 대추 2알, 말린 고추 1/2개, 사과 · 배 30g씩, 양파 20g, 새송이버섯 약간, 국간장 2큰술, 조청 1과 1/2큰술, 다진 파 1/2큰술, 매실청 2작은술, 다진 마늘 1작은술, 다진 생강 1/4작은술

[만드는 법]
① 새송이버섯은 모양을 살려 길이로 얇게 썬다.
② 말린 대추와 말린 고추, 사과와 배, 양파, 새송이버섯은 잘게 다져 남은 재료와 함께 냄비에 넣어 끓여 조림 간장을 만든다.
③ 밀고기는 얇게 썰어 포도씨유 두른 팬에 앞뒤로 굽고 새송이버섯도 구워놓는다.
④ ③의 밀고기와 버섯을 조림 간장에 버무려 팬에 살짝 굽는다.
⑤ 새송이버섯 위에 밀고기를 올려 돌돌 말아 꼬치로 고정한다.

TIP 밀고기와 버섯은 팬에 구운 뒤 양념
밀고기와 새송이버섯은 각각 기름 두른 팬에 구운 뒤 조림 간장에 버무려야 간도 잘 배고 모양이 흐트러지지 않습니다. 꼬치는 너무 길지 않고 안정감 있는 납작한 것으로 선택하세요.

Menu 3 오이양파볶음

[재료] 오이·양파 1/4개(50g)씩, 대파 약간, 포도씨유 1큰술,
고운 고춧가루·소금 1/4작은술씩, 굵은 소금 약간

[만드는 법]
① 오이는 굵은 소금으로 문질러 씻은 후 가늘게 채 썰어 소금에
살짝 절여 물기를 짠다.
② 양파는 채 썰어 소금에 살짝 절여 물기를 짜고, 대파도 채 썬다.
③ 팬을 달궈 포도씨유를 두르고 고운 고춧가루를 넣어 연한
분홍색을 낸다.
④ ③에 오이와 양파를 넣고 볶는다.

TIP 오이양파볶음은 조리 시간 줄여야
고추기름에 오이와 양파를 볶아내는 요리로,
오이와 양파는 생으로도 먹는 채소이기에 짧게
볶아내는 게 좋습니다. 만약 고추장을 넣은 볶음
요리라면 양념에 레몬즙을 살짝 넣어 군내를
잡아주세요.

Menu 4 삼색조림

[재료] 죽순 60g, 우엉 40g, 아몬드 20g
[조림 국물] 채소국물 1컵, 조청 3큰술, 가루간장 1작은술, 아마씨유 약간

[만드는 법]
① 죽순은 한입크기로 썰고, 우엉은 작게 어슷 썬다.
② 냄비에 썬 죽순과 우엉, 아몬드를 담고 잠길 정도로 채소국물을
부어 끓인다.
③ 죽순과 우엉, 아몬드가 반 정도 익었을 때 조청과 가루간장을
넣고 국물이 자작해지고 죽순에 색이 날 때까지 조린다.
④ 불을 끄고 아마씨유를 넣어 마무리한다.

TIP 재료가 반 정도 익었을 때 간을 시작
뿌리채소로 조림을 할 때는 어느 정도 재료를
익힌 뒤에 간을 시작해야 합니다. 뿌리채소는
조리 시간이 긴 편이라 자칫 처음부터 간을 하면
너무 졸아 타기 쉬워요.

menu **3**
생밤인삼유자샐러드

menu **4**
파래무침

menu **1**
우엉연근주먹밥

menu **2**
모둠버섯회

가을

일요일

우엉연근주먹밥과 모둠버섯회 밥상

우엉연근주먹밥 + 모둠버섯회 + 생밤인삼유자샐러드 + 파래무침 + 배

입맛이 없거나 다른 반찬이 없을 때는 주먹밥에 생채를 곁들여요.
가을 제철 재료를 잘게 다져 주먹밥을 만들고, 몸에 좋은 인삼으로
샐러드를 만들었습니다. 인삼은 감기나 스트레스를 예방하고 몸을 덥히는
성질이 있어 날이 추워지는 가을에 제격이지요. 작은 뿌리로 골라 생으로
샐러드를 만들어 먹으면 독특한 향과 맛이 나는데, 갓 수확한 생밤을
더하면 영양도 우수한 자연식 샐러드 한 그릇이 만들어집니다.

인삼

인삼과 꿀은 궁합이 잘 맞는 식품으로
알려져 있지요. 인삼은 건강에 꼭
필요한 음식이지만 열량이 부족한 게
흠입니다. 꿀과 함께 복용하면 열량
섭취가 좋아지고 피로 회복에 더욱
효과적이지요. 인삼은 밥, 탕, 찜 등
각종 요리에 활용 가능합니다.

Menu 1 우엉연근주먹밥

[재료] 우엉 40g, 연근 50g, 현미밥 1과 1/3공기, 조청·꿀 1큰술씩,
검은깨 약간, 레몬즙 2큰술, 가루간장 1작은술

[만드는 법]
① 우엉은 칼날로 긁어 껍질을 벗기고 5cm 길이로 편 썰고, 연근은
필러로 껍질을 벗기고 반달 썰기한다.
② 냄비에 썬 우엉과 연근, 조청, 가루간장을 넣어 조린다.
③ 현미밥은 뜨거울 때 꿀과 레몬즙을 뿌려 고루 섞어준 다음 그릇에
넓게 펴 식힌다.
④ 조린 우엉과 연근을 잘게 다져 ③의 식힌 밥과 섞는다.
⑤ 밥을 한입 크기로 둥글게 빚은 뒤 검은깨를 위에 조금씩 올린다.

TIP 국물이 다 없어질 때까지 조려야
우엉과 연근을 조릴 때 국물이 남으면 불을 끄지
말고 국물이 없어질 때까지 뒤적이며 조려주세요.
그래야 우엉과 연근에 간이 잘 배어 주먹밥이
맛나요.

Menu 2 모듬버섯회

[재료] 표고버섯·새송이버섯 2개(50g)씩, 애느타리버섯 1줌(50g)
[초고추장] 고추장 3큰술, 실파 1뿌리, 매실액·꿀·레몬즙 1큰술씩,
다진 마늘 1/2큰술, 통깨 1작은술, 가루간장 1/4작은술

[만드는 법]
① 표고버섯은 꼭지 끝의 딱딱한 부분만 잘라내고 얇게
슬라이스하고, 새송이버섯은 길이대로 얇게 썬다.
② 애느타리버섯은 손으로 가닥가닥 떼어놓는다.
③ 김 오른 찜솥에 준비한 버섯들을 모두 넣어 한 김 오르도록 찐다.
④ 실파를 송송 썰어 분량의 재료와 섞어 초고추장을 만든다.
⑤ 찐 버섯을 식힌 다음 보기 좋게 초고추장을 곁들인다.

TIP 어떤 버섯과도 잘 어울려
종류에 상관없이 집에 있는 버섯을 활용해도
좋아요. 버섯회에는 오이나 당근, 파프리카 등의
채소를 막대 모양으로 잘라 곁들여도
잘 어울린답니다.

Menu 3 생밤인삼유자샐러드

[재료] 밤 7톨, 인삼 2뿌리, 유자청 3큰술

[만드는 법]
① 밤은 속껍질까지 벗겨 2등분한다.
② 인삼은 깨끗이 씻어 어슷 썰어 준비한다. 뿌리도 버리지 않고 적당히 썬다.
③ 밤과 인삼에 유자청을 넣고 버무린다.

TIP **유자청 대신 레몬즙과 꿀도 적당**
유자청이 없다면 레몬즙과 꿀을 섞어 새콤 달콤한 소스를 만들어 넣어도 좋습니다. 또는 매실을 뺀 매실청을 유자청 대신 이용해도 되어요.

Menu 4 파래무침

[재료] 파래 150g, 무 20g, 실파 1뿌리, 가루간장 1/2작은술, 깨소금 1큰술, 아마씨유 약간

[만드는 법]
① 파래는 여러 번 주무르듯 씻어서 체에 밭친 후 손으로 물기를 짠다.
② 물기를 짠 파래를 적당한 크기로 자르고 무는 가늘게 채 썬다. 실파는 송송 썬다.
③ 볼에 파래와 무를 담고 송송 썬 실파, 가루간장, 깨소금, 아마씨유를 넣고 골고루 무친다.

TIP **파래는 물에 담가 손질해야**
파래는 돌 등의 불순물이 있을 수 있으므로 반드시 물에 담갔다 사용해야 합니다. 이후 여러 번 박박 주물러 씻은 뒤 요리에 사용하세요.

소고기 맛 vs 닭고기 맛
밀고기 반죽하기

소고기 맛 밀고기

[재료] 글루텐 110g, 물 3/4컵, 말린 표고버섯 20g,
불린 대두 · 호두 · 캐슈너트 · 아몬드 · 잣 · 호박씨 5g씩,
색을 내고 싶다면 동량의 비트 추가

[만드는 법]
① 물 1/4컵에 말린 표고버섯을 넣고 1시간 불린다.
② 믹서에 불린 표고버섯과 남은 물, 불린 대두를
비롯한 견과류를 모두 넣고 곱게 갈아 볼에 옮긴다.
③ ②에 글루텐을 조금씩 넣어가며 주걱으로 잘
젓는다. 반죽이 주걱에 달라붙지 않기 시작하면 손으로
표면이 매끈해질 때까지 치댄다.
④ 반죽을 2등분하고 원통형으로 모양을 잡는다.
⑤ 한 번 먹을 분량대로 나눠 랩에 싸 냉동 보관한다.

자연식을 하면서도 종종 고기의 식감이 그리울 때가 있지요. 그럴 때는 냉동실에
얼려둔 밀고기 반죽을 꺼내 해동시켜 요리합니다. 밀고기 반죽은 들어가는 재료에
따라 소고기 맛, 닭고기 맛, 장어 맛 등 나뉘는데, 공통적으로 들어가는 글루텐과
대두, 견과류 외에 각각 말린 표고버섯, 양파를 주재료로 사용합니다.

닭고기 맛 밀고기

[재료] 글루텐 80g, 물 3/4컵, 양파 80g,
불린 대두 · 호두 · 캐슈너트 · 아몬드 · 잣 · 해바라기씨 5g씩,
색을 내고 싶다면 동량의 커리가루 추가

[만드는 법]
① 믹서에 글루텐을 제외한 모든 재료를 넣어 간다.
② 볼에 ①을 넣고 글루텐을 조금씩 넣어가며 반죽
한다.
③ 반죽이 주걱에 달라붙지 않기 시작하면 손으로
표면이 매끈해질 때까지 치댄다.
④ 색을 내고 싶다면 커리가루를 조금 추가해 반죽과
섞으면 노란빛 반죽이 완성된다.
⑤ 한 번 먹을 분량대로 나눠 랩에 싸 냉동 보관한다.

243

menu **4**

배추나물

menu **2**

콩비지찌개

menu **1**

팥밥

menu **3**

두부김치말이

겨울

월요일

팥밥과 콩비지찌개 밥상

팥밥 + 콩비지찌개 + 두부김치말이 + 배추나물 + 바나나

팥은 몸의 부기를 빼고 혈액순환을 돕는 성질이 있는 건강 재료이지요.
특히 성질이 따뜻해 예부터 겨울 음식으로 즐겨 먹어왔습니다. 날이
추워지면 팥밥을 지어 따뜻하게 먹어보아요. 입안에서 살살 녹는 뜨끈한
콩비지찌개 한 그릇을 더하면 금상첨화가 따로 없습니다. 영양 가득한
배추나물로 겨울철 부족한 비타민도 꼭 챙기세요.

비지
두부를 만들고 남은 찌꺼기이지만
영양도 맛도 빠지지 않는
식재료입니다. 칼로리는 콩의
1/4, 식이섬유는 우엉의 2배에
달하지요. 김치를 잘게 썰어 넣은
비지찌개는 추위를 잊게 해주는
겨울철 특급 메뉴입니다.

Menu 1 팥밥

[재료] 팥 30g, 현미·현미찹쌀 1/2컵씩, 물 2와 1/2컵

[만드는 법]
① 현미와 현미찹쌀은 물에 씻어 충분히 불린다.
② 팥은 여러 번 물에 헹군 뒤 불린다.
③ 밥솥에 불린 현미와 현미찹쌀, 팥을 담고 물을 부어 밥을 짓는다.
④ 밥이 다 지어지면 고루 섞어 그릇에 담는다.

TIP 팥밥의 물은 넉넉히 잡아야
팥은 다른 잡곡에 비해 익을 때 물을 많이
먹지요. 밥물을 넉넉하게 잡아야 팥이 무르게
익어 맛있는 팥밥이 완성됩니다.

Menu 2 콩비지찌개

[재료] 불린 대두 30g, 배추김치 100g, 대파 1대, 채소국물 2컵,
다진 마늘 1작은술

[만드는 법]
① 대두는 물을 붓고 6시간 이상 불린 뒤 같은 양의 물을 붓고
믹서에 간다.
② 배추김치는 속을 털어내고 잘게 썰고, 대파는 송송 썬다.
③ ①의 콩비지에 채소국물을 붓고 김치를 얹어 약한 불에 끓인다.
④ 뭉근히 끓으면 송송 썬 대파와 다진 마늘을 넣어 한소끔 더
끓인다.

TIP 속이 불편하면 배추김치 씻어 넣기
담백한 콩비지찌개를 맛보고 싶다면 배추김치를
씻어 넣어도 좋습니다. 콩비지찌개를 끓일 때는
뚜껑을 덮고 약불에서 젓지 말고 끓여야 합니다.
휘저으면 콩이 아래로 내려가 쉽게 타버려요.

Menu 3 두부김치말이

[재료] 배추김치 2장, 두부 50g, 오이 1/4개(50g), 굵은 소금 약간

[만드는 법]
① 두부는 길이대로 2cm 두께로 굵게 채 썬다.
② 오이는 굵은 소금으로 문질러 씻은 후 4등분하여 두부와 같은 길이와 두께로 썬다.
③ 배추김치는 길이대로 펼쳐서 줄기 쪽에 두부와 오이를 가로로 놓고 김밥 말듯이 돌돌 말아준다.
④ 먹기 좋은 크기로 썰어서 담는다.

TIP **두부와 오이는 직전에 말아야**
김치는 속 양념만 털어내고 사용해야 맛이 살아요. 김치에서 물이 생기므로 제대로 맛보려면 식사 직전에 말아 밥상에 올리세요.

Menu 4 배추나물

[재료] 배추 잎 60g, 깨소금 1/4작은술,
소금 · 가루간장 · 아마씨유 · 통깨 약간씩

[만드는 법]
① 배추 잎은 속대만 골라 깨끗이 씻어 결대로 찢는다.
② 씻은 배추 잎은 소금을 넣고 끓인 물에 줄기가 말랑할 정도로 데쳐 찬물에 헹군다.
③ ②의 배추 잎을 담고 깨소금, 가루간장, 아마씨유를 넣어 무친 뒤 소금으로 간한다.
④ 상에 내기 전에 통깨를 솔솔 뿌린다.

TIP **연한 속대를 골라 데쳐야**
나물을 만드는 배추는 연한 잎을 골라 사용하세요. 봄에는 얼갈이배추를 이용하고, 가을과 겨울 통배추를 쓸 때는 줄기가 두툼하고 억센 겉잎보다 연한 속대가 맛있답니다.

menu **3**
두부톳무침

menu **2**
단호박밀고기말이

menu **4**
생다시마와 양념장

menu **1**
마늘볶음밥

겨울

화요일

마늘볶음밥과 단호박밀고기말이 밥상

마늘볶음밥 + 단호박밀고기말이 + 두부톳무침 + 생다시마와 양념장 + 콜라비

감기에 걸리기 쉬운 겨울에는 면역력을 높이는 밥상이 최고이지요.
마늘은 피로한 현대인의 원기 회복을 돕고 신진대사를 원활하게 해
일상에 활력을 줍니다. 제철을 맞는 톳과 다시마도 면역력 강화에 빠질
수 없는 재료입니다. 마늘을 이용한 볶음밥과 구황식물과 해조류로 차린
식단으로 겨울 건강을 챙기세요.

마늘
세계 10대 건강식품에 뽑히는
마늘은 면역력 강화와 체력 증진을
돕습니다. 하지만 위가 좋지 않다면
위의 점막이 손상될 수도 있으니
생으로 먹는 것은 피해야 합니다.
마늘을 구우면 매운맛은 낮아지고
단맛이 높아져 먹기 편해집니다.

Menu 1 마늘볶음밥

[재료] 현미밥 1과 1/3공기, 마늘 10쪽, 포도씨유 1큰술,
소금·파슬리가루 약간씩

[만드는 법]
① 마늘은 껍질을 벗겨 얇게 편으로 썬다.
② 달군 팬에 포도씨유를 두르고 얇게 썬 마늘을 넣어 볶는다.
③ 마늘의 매운맛이 날아가면 현미밥을 넣고 볶은 후 소금으로
간한다.
④ 불을 끄고 파슬리가루를 뿌려 섞는다.

TIP 마늘을 먼저 볶으면 매운맛 사라져
마늘볶음밥을 할 때는 마늘을 먼저 기름 두른
팬에 볶은 뒤 밥을 넣어야 마늘의 매운맛 없이
볶음밥을 즐길 수 있습니다. 파슬리가루를
더하면 식욕을 돋우지요.

Menu 2 단호박밀고기말이

[재료] 소고기 맛 밀고기 반죽(242쪽 참조) 80g, 단호박 100g,
다진 파·잣가루 약간씩
[조림 간장] 말린 대추 2알, 말린 고추 1/2개, 사과·배 30g씩, 양파 20g,
새송이버섯 약간, 국간장 2큰술, 조청 1과 1/2큰술, 다진 파 1/2큰술,
매실청 2작은술, 다진 마늘 1작은술, 다진 생강 1/4작은술

[만드는 법]
① 단호박은 껍질을 벗기고 씨를 파낸 후 0.5cm 두께로 반달 썬다.
② 밀고기 반죽은 적당히 썬 뒤 얇고 길게 모양을 잡아 반달로 썬
단호박에 돌돌 감는다.
③ 조림 간장 재료는 믹서에 한데 넣고 갈아 양념장을 준비한다.
④ 팬에 밀고기를 감은 단호박을 올리고 양념장을 끼얹으며 조린다.
⑤ 다진 파와 잣가루로 장식해 담는다.

TIP 단호박은 두껍지 않아야 잘 익어
단호박은 두께가 얇아야 밀고기에 잘 말립니다.
밀고기로 단호박을 말 때는 사선을 타듯 겹치지
않도록 해주세요.

Menu 3 두부톳무침

[재료] 톳 50g, 두부 30g, 깨소금 1/4작은술, 가루간장 · 야마씨유 약간씩

[만드는 법]
① 톳은 끓는 물에 넣어 색이 파랗게 변하면 한 번 휘저어 바로 꺼낸다.
② 데친 톳을 체에 밭쳐 찬물에 헹군 다음 먹기 좋게 썬다.
③ 두부는 마른 거즈나 키친타월로 눌러 물기를 빼고 으깬다.
④ 볼에 톳을 담고 으깬 두부와 깨소금, 가루간장, 아마씨유를 넣어 조물조물 무친다.

TIP 두부는 물기를 쏙 빼고 무쳐야
두부는 수분을 많이 흡수하므로 조리하기 전에 최대한 물기를 빼고 넣어야 합니다. 그래야 나물과 무쳤을 때 물기가 생기지 않아요.

Menu 4 생다시마와 양념장

[재료] 생다시마(또는 생미역) 40g
[양념] 실파 1뿌리, 채소국물 3큰술, 고춧가루 · 가루간장 · 깨소금 1작은술씩, 다진 마늘 1/4작은술, 아마씨유 약간

[만드는 법]
① 생다시마는 물에 박박 문질러 씻은 후 길게 잡고 손으로 훑어 물기를 뺀다.
② 물기를 뺀 생다시마를 적당한 크기로 자른다. 실파는 송송 썬다.
③ 볼에 깨소금과 아마씨유를 제외한 분량의 재료를 넣고 섞어 양념장을 만든다.
④ 양념장에 깨소금과 아마씨유를 넣고 한 번 더 섞은 뒤, 생다시마와 곁들인다.

TIP 깨소금과 아마씨유는 마지막에 넣기
양념을 만들 때 깨소금과 아마씨유는 마지막에 넣고 섞어줍니다. 처음부터 넣어 섞으면 지저분해지거나 기름층이 분리되어 맛이 덜합니다.

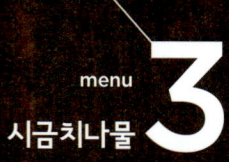

menu
2
순두부탕

menu
4
양파장아찌

menu
3
시금치나물

menu
1
표고버섯초밥

겨울

─────

수요일

표고버섯초밥과 순두부탕 밥상

표고버섯초밥 + 순두부탕 + 시금치나물 + 양파장아찌 + 쌈채소 + 금귤

밥 위에 조린 표고버섯을 올려 만든 표고버섯초밥은 버섯의 향과 영양이
더해진 요리입니다. 보는 즐거움까지 더해지니 맛있고 멋있는 음식이지요.
표고버섯초밥과 함께 내는 국은 심심하면서도 뜨끈한 순두부탕을 준비해
밥상이 차갑지 않도록 신경 썼어요. 심심한 시금치나물과 양파장아찌로
간을 맞추었습니다.

양파
콜레스테롤 수치 저하에 특효인
양파는 사시사철 자연식 요리에서
빼놓을 수 없는 채소이지요. 원기
회복과 신진대사 촉진에도 효능이
있습니다. 싹이 돋았거나 뿌리가
난 양파는 수분 함량도 적어 맛이
덜하므로 피하세요. 피클은 덜 숙성한
양파로 만들어야 맛이 좋습니다.

Menu 1 표고버섯초밥

[재료] 현미밥 1공기, 표고버섯 2개(50g), 고추냉이가루 1작은술

[조림장] 조청 · 채소국물 2큰술씩, 가루간장 1큰술

[단촛물] 꿀 · 레몬즙 1큰술씩

[만드는 법]

① 표고버섯은 기둥을 떼고 0.5cm 두께로 도톰하게 어슷 썬다.

② 냄비에 표고버섯과 분량의 조림장을 함께 넣고 윤기 나게 조린다.

③ 현미밥은 뜨거울 때 꿀과 레몬즙을 뿌려 살짝 섞은 다음 그릇에 넓게 펴 식힌다.

④ 고추냉이가루는 물을 약간 넣고 걸쭉하게 만든다.

⑤ 식힌 현미밥을 한입 크기로 둥글게 빚은 뒤 고추냉이장을 젓가락으로 살짝 찍어 올린다.

⑥ ⑤의 초밥 위에 조린 버섯을 하나씩 올린다.

TIP 초밥용 밥은 완전히 식힌 후 모양 잡기
밥과 단촛물을 섞은 뒤에는 반드시 밥이 완전히 식은 다음에 초밥을 빚어야 잘 뭉쳐져요. 시간이 없다면 단촛물을 섞은 밥을 냉동실에 넣어 식혀도 좋아요.

Menu 2 순두부탕

[재료] 순두부 1팩(350g), 애느타리버섯 · 팽이버섯 40g씩, 홍고추 1개, 대파 흰 부분 10cm, 채소국물 2컵, 가루간장 1/2작은술, 다진 마늘 약간

[만드는 법]

① 애느타리버섯과 팽이버섯은 손질하고 홍고추와 대파는 어슷 썬다.

② 냄비에 채소국물을 붓고 애느타리버섯과 팽이버섯을 넣어 끓인다.

③ 버섯이 익으면 순두부를 숟가락으로 숭덩숭덩 떠 넣고 한소끔 끓인다.

④ ③에 어슷 썬 대파와 다진 마늘을 넣고 가루간장으로 간한다.

⑤ 그릇에 담고 홍고추를 올린다.

TIP 순두부는 숟가락으로 떠 넣어야
진한 버섯 향에 부드러운 순두부가 어우러진 메뉴입니다. 순두부는 소화가 잘 되고 장운동을 원활하게 돕지요. 순두부탕을 끓일 때는 숟가락으로 순두부를 떠야 모양이 예쁩니다.

Menu 3 시금치나물

[재료] 시금치 2줌(100g), 깨소금 1/2작은술, 아마씨유 1/4작은술,
소금 약간

[만드는 법]
① 시금치는 다듬어 씻은 후 소금을 넣고 끓인 물에 살짝 데친다.
② 데친 시금치는 찬물에 헹궈 물기를 꼭 짜고 적당한 크기로 썬다.
③ 볼에 시금치를 담고 깨소금, 아마씨유, 소금을 넣어 조물조물
무친다.

TIP 시금치는 끓는 물에 단시간 데쳐
시금치는 생으로 먹어도 맛있는 채소입니다.
끓는 물에 살짝만 데쳐야 식감을 유지할 수
있지요. 소금을 약간 넣고 데치면 초록색을
유지할 수 있어요.

Menu 4 양파장아찌

[재료] 알이 작은 양파 100g
[장아찌 국물] 채소국물 2컵, 홍고추 1개, 통후추 10알,
가루간장 · 꿀 · 레몬즙 2큰술씩

[만드는 법]
① 양파는 8등분해 물기 없이 준비한다.
② 채소국물에 홍고추, 통후추, 가루간장, 꿀, 레몬즙을 넣고
끓인다.
③ 유리병이나 항아리에 양파를 담고 ②의 물이 뜨거울 때 붓는다.
④ 냉장고에 보관하면서 국물만 따라내 끓여 붓기를 일주일에
한 번씩 세 차례 정도 반복한다.

TIP 장아찌 국물은 뜨거울 때 부어야
장아찌를 담글 때는 팔팔 끓는 뜨거운 물을 바로
부어야 양파의 아삭함이 오래도록 유지됩니다.
이 과정을 세 차례 정도 반복해야 장아찌의 맛이
깊어져요.

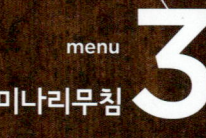

menu **4**
메밀김치말이전

menu **3**
미나리무침

menu **2**
밀고기장어구이

menu **1**
찰밥

겨울

목요일

찰밥과 밀고기장어구이 밥상

찰밥 + 밀고기장어구이 + 미나리무침 + 메밀김치말이전 + 쌈채소 + 귤

자연식이라고 해서 채소가 나지 않는 겨울에 무조건 푸른 채소만 찾을 수는
없습니다. 자연식은 자연의 흐름에 따라 자연스러운 먹을거리를 섭취하는
일이니까요. 겨울에는 곡류와 견과류 중심의 산성 식단을 준비합니다.
소화가 잘 되는 찰밥에 밀고기장어구이까지 더하면 그야말로 겨울 보양
식단이 되지요.

미나리
해독 작용, 간 기능 향상, 변비
예방 등 빼어난 건강 기능을 지닌
식품입니다. 단백질, 칼슘, 각종
무기질과 섬유질 함량도 높아
영양학적으로도 훌륭하지요.
늦겨울부터 조금씩 시장에 나오니
겨우내 묵은 독소를 배출하기 위해
자주 밥상에 올리세요.

Menu 1 찰밥

[재료] 기장 1/4컵, 현미·현미찹쌀 1/2컵씩, 물 2컵, 소금 약간

[만드는 법]
① 현미와 현미찹쌀, 기장을 섞어 깨끗이 씻은 후 물에 충분히
불린다.
② 밥솥에 불린 잡곡을 담고 소금을 약간 넣어 밥을 짓는다.
③ 평소 현미밥에 비해 조금 더 뜸을 들인다.
④ 밥이 다 지어지면 고루 섞어 그릇에 담는다.

TIP 현미찹쌀 양을 늘리면 차진 밥 완성
찰밥을 더욱 차지게 먹고 싶으면 현미는 줄이고
현미찹쌀의 양을 늘려주세요. 물은 넉넉하게
잡아야 부드러운 찰밥이 완성됩니다. 찰밥은
반찬 없이 먹는 밥이므로 미리 소금 간을 합니다.

Menu 2 밀고기장어구이

[재료] 장어 맛 밀고기 반죽 100g(글루텐 100g, 두부 90g, 콩소시지 1개,
새송이버섯 1개, 물 1/2컵, 불린 대두·호두·캐슈너트·아몬드·생땅콩·잣
5g씩, 생강즙 1작은술), 깻잎·생강 적당량씩, 김 A4 크기 1/2장
[양념] 고추장 1큰술, 가루간장·아마씨유 1/4큰술씩, 조청 1작은술

[만드는 법]
① 글루텐을 제외한 장어 맛 밀고기 반죽 재료를 믹서에 넣어 간다.
② ①에 글루텐을 조금씩 넣어가며 반죽해 동글납작하게 준비한다.
③ 김을 ②의 크기에 맞춰 잘라 밀고기 한 면에 붙인다.
④ 볼에 재료를 섞어 양념장을 만든다. 깻잎과 생강은 곱게 채 썬다.
⑤ 불에 달군 팬에 포도씨유를 두르고 ②의 밀고기를 굽는다.
⑥ 구운 밀고기에 요리붓으로 양념장을 앞뒤로 바르고 김 붙인 면이
위로 오도록 담은 후 깻잎 채와 생강 채를 올린다.

TIP 김 붙은 부분이 타지 않도록 주의
장어 맛 밀고기를 구울 때에는 김을 붙인 부분이
타지 않도록 주의해야 합니다. 반대 면을 충분히
익히고 김 붙인 면은 살짝만 구워주세요.

Menu 3 미나리무침

[재료] 미나리 1과 1/3줌(100g), 깨소금 1/2작은술, 소금 · 아마씨유 약간씩

[만드는 법]
① 미나리는 손질 후 끓는 물에 소금을 넣고 살짝 데친다.
② 데친 미나리는 찬물에 헹군 뒤 물기를 꼭 짜고 먹기 좋은 크기로 썬다.
③ 볼에 미나리를 담고 깨소금, 소금, 아마씨유를 넣어 무친다.

TIP 미나리는 식촛물에 10분 담가
미나리를 손질할 때는 먼저 줄기 끝의 억센 부분을 자른 뒤, 약간의 식초를 넣은 물에 10분정도 담가놓아야 이물질을 제거할 수 있어요.

Menu 4 메밀김치말이전

[재료] 배추김치 50g, 두부 70g, 다진 파 2큰술, 다진 마늘 1/2큰술, 깨소금 · 포도씨유 1큰술씩, 아마씨유 약간
[반죽] 메밀가루 2큰술, 물 5큰술

[만드는 법]
① 볼에 분량의 반죽 재료를 섞어 메밀 반죽을 만든다.
② 배추김치는 잘게 다지고, 두부는 으깬다.
③ 볼에 다진 김치와 으깬 두부, 다진 파, 다진 마늘, 깨소금, 아마씨유를 넣고 잘 섞어 속 재료를 만든다.
④ 불에 달군 팬에 포도씨유를 두르고 메밀 반죽을 동그랗게 펼친 후 반죽이 어느 정도 익으면 ③의 재료를 한쪽 끝에 올려 동글게 말아 돌려가며 굽는다.
⑤ 먹기 좋은 크기로 썰어 담는다.

TIP 두부가 김치의 매운맛 없애
메밀김치말이전 속 재료에 두부를 더하면 김치의 매운맛을 덜어주고, 담백한 맛을 높일 수 있습니다. 이때 메밀 반죽은 간 없이 너무 두껍지 않게 반죽합니다.

menu **3**
밀고기장조림

menu **4**
김무침

menu **2**
두부국

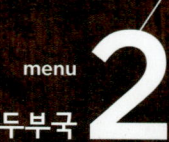

menu **1**
새싹곤약덮밥

겨울

금요일

새싹곤약덮밥과 두부국 밥상

새싹곤약덮밥 + 두부국 + 밀고기장조림 + 김무침 + 무

활동성이 떨어지는 겨울에는 식단에 좀 더 신경 써야 합니다. 지나친 열량
식품은 금물이지요. 곤약은 겨울철에 먹기 좋은 저칼로리 식품입니다.
칼로리는 낮은 대신 포만감은 높아 다이어트에도 도움이 되지요.
뜨끈한 두부국에 밀고기로 맛을 낸 장조림, 제철을 맞은 김을 무쳐내면
가벼운 겨울 점심 밥상이 완성됩니다. 겨울 보약이라 불리는 무도 함께 냅니다.

새싹채소
씨앗이 발아한 지 4~5일 된 채소를
이르는데 다 자란 채소에 비해 비타민과
미네랄 함량이 월등히 높습니다. 베이비
채소로도 불리는데, 영양소가 쉽게
파괴되므로 먹을 양만큼 구입하는 게
좋지요. 재배하기 어렵지 않아 집에서
키워 그때그때 먹기를 권합니다.

Menu 1 새싹곤약덮밥

[재료] 현미밥 1공기, 곤약 130g, 새싹채소 5줌(100g)

[초고추장 양념] 고추장 3큰술, 쪽파 1뿌리, 매실액·레몬즙·꿀·참깨 1큰술씩, 다진 마늘 1/2작은술, 가루간장 1/4작은술

[만드는 법]
① 곤약은 얇게 포를 떠서 끓는 물에 삶아 찬물에 담갔다 건진다.
② 삶은 곤약은 키친타월로 물기를 제거한다.
③ 새싹채소를 물에 깨끗이 씻은 후 소쿠리에 건져 물기를 뺀다.
④ 쪽파를 잘게 썰어 볼에 분량의 재료와 섞어 초고추장을 만든다.
⑤ 그릇에 현미밥을 퍼 담고 그 위에 새싹채소를 펼친 다음 곤약을 올리고 초고추장 양념을 곁들인다.

TIP 곤약은 찬물에 담가 냄새 제거
곤약은 끓는 물에 푹 삶아서 요리에 활용해야 합니다. 이때 삶자마자 찬물에 담가두어야 특유의 향이 사라져 먹기 편해요.

Menu 2 두부국

[재료] 두부 1/3모(100g), 대파 흰 부분 5cm, 채소국물 2컵, 쌈장·아몬드가루 1큰술씩, 가루간장 1/4작은술

[만드는 법]
① 두부를 깍둑 썰어 준비하고 대파는 송송 썬다.
② 채소국물에 쌈장을 풀고 가루간장을 넣어 센 불에 끓인다.
③ 국물이 끓으면 두부와 송송 썬 대파를 넣어 한소끔 끓인다.
④ ③에 아몬드가루를 넣은 다음 한 번 휘저어 불에서 내린다.

TIP 국물이 끓으면 두부를 넣어야
두부국을 끓일 때는 국물을 한 번 끓인 뒤에 두부를 넣고 끓여야 두부가 흐트러지지 않습니다. 두부는 금세 익으므로 너무 오래 끓이지 않아야 합니다.

Menu 3 밀고기장조림

[재료] 소고기 맛 밀고기 반죽(242쪽 참조) 60g, 감자1/3개(50g),
단호박 40g, 표고버섯 1개(25g), 밤 2톨, 은행 10알, 대추 2알, 대파 약간
[장조림 국물] 채소국물 2컵, 통후추 10g, 조청 1과 1/2큰술,
가루간장 1큰술

[만드는 법]
① 밀고기 반죽은 적당한 크기로 썰어 준비한다.
② 감자와 단호박은 껍질을 벗겨 한입 크기로 자르고, 표고버섯은
기둥 끝만 자르고 2등분한다. 밤과 은행은 속껍질까지 벗긴다.
③ 채소국물에 통후추와 조청, 가루간장을 넣어 끓인다.
④ 장조림 국물이 끓으면 밀고기, 감자, 단호박, 표고버섯, 밤,
은행을 넣고, 대추는 통으로 대파는 2cm 길이로 썰어 넣고 끓인다.
⑤ 끓어오르면 약불로 줄여 국물이 자작해질 때까지 뭉근히 조린다.

TIP 장조림에는 생표고버섯을 넣어야
장조림할 때 표고버섯은 말린 것보다 생것을
넣어야 질겨지지 않습니다. 반면 대추는 말린
것을 사용하는 게 좋습니다.

Menu 4 김무침

[재료] 김 3장, 실파 1뿌리
[양념] 가루간장 · 물 · 조청 1큰술씩, 통깨 1/4작은술

[만드는 법]
① 김은 파란빛이 돌도록 구워 손으로 먹기 좋게 찢는다.
② 실파는 3~4cm 정도 크기로 썬다.
③ 볼에 분량의 재료를 섞어 양념장을 만든다.
④ 볼에 김과 실파를 담고 양념장을 넣어 버무린다.

TIP 냉동실 속 묵은 김으로 사용해도 무방
햇김이 아닌 냉동실 속 묵은 김을 사용할
예정이라면 팬에 한 번 구워 눅눅해진 수분을
없앤 뒤 무침을 시작하세요. 김 자체에 수분이
많으면 식감도 질기답니다.

menu

2

시래기찌개

menu

4

무생채

menu

3

표고버섯깐풍기

menu

1

밤콩밥

겨울

토요일

밤콩밥과 시래기찌개 밥상

밤콩밥 + 시래기찌개 + 표고버섯깐풍기 + 무생채 + 적채 + 바나나

겨울엔 따뜻한 음식이 최고이지요. 뜨거운 국물 한 그릇이면 꽁꽁 언 몸도
다 풀리기 마련이니까요. 오늘은 영양 가득한 밤콩으로 밥을 짓고,
고이 갈무리해둔 시래기를 꺼내 된장을 풀어 팔팔 끓입니다. 표고버섯을
전분에 묻혀 깐풍기도 만들고 겨울 무로 시원한 생채도 무쳐냅니다.
따뜻하면서도 시원한 밥상이 차려집니다.

시래기
무청을 말린 시래기는 겨울철
비상식량과도 같은 식품이지요. 무청을
그늘에서 잘 말린 뒤 살짝 데친 뒤 물기를
짜서 냉동실에 보관해두면 언제고 꺼내
밥상에 올릴 수 있답니다. 배추 겉대를
말린 우거지도 냉동 보관해두고 겨울
밥상에 자주 올리세요. 겨울철 우리 몸에
꼭 필요한 식이섬유가 가득하답니다.

Menu 1 밤콩밥

[재료] 밤콩 2큰술, 현미 · 현미찹쌀 1/2컵씩, 물 2컵

[만드는 법]
① 현미와 현미찹쌀을 섞어 물에 씻은 다음 충분히 불린다.
② 밤콩도 물에 충분히 불린다.
③ 밥솥에 불린 현미와 현미찹쌀을 담고 밤콩을 얹어 밥을 짓는다.
④ 밥이 다 지어지면 고루 섞어 그릇에 담는다.

TIP 생밤콩은 따로 불릴 필요 없어
색과 맛이 밤과 비슷하다 하여 이름 붙여진 밤콩은 맛도 영양도 뛰어나지요. 생밤콩이면 따로 물에 불릴 필요 없이 곧장 불린 현미, 현미찹쌀과 섞어 밥을 지어도 됩니다.

Menu 2 시래기찌개

[재료] 시래기 20g, 대파 약간, 채소국물 2컵,
아몬드 · 다진 마늘 1큰술씩, 된장 2작은술, 가루간장 약간

[만드는 법]
① 시래기는 물에 푹 삶아 찬물에 헹궈 물기를 뺀다.
② 삶은 시래기의 껍질을 아래에서 위쪽으로 벗겨 된장과 가루간장을 넣고 조물조물 무친다.
③ 대파는 어슷 썰고 아몬드는 분쇄기로 잘게 부순다.
④ 채소국물에 된장과 가루간장에 무친 시래기를 넣고 끓인다.
⑤ 한소끔 끓여내기 직전에 어슷 썬 대파와 다진 마늘을 넣고 부순 아몬드를 뿌린다.

TIP 시래기는 푹 삶아야 껍질이 잘 벗겨져
시래기는 끓는 물에 푹 삶아야 물렁해지면서 껍질이 잘 벗겨져요. 껍질 벗긴 시래기는 된장과 가루간장으로 미리 양념을 해야 간이 배어 맛있답니다.

Menu 3　표고버섯깐풍기

[재료] 표고버섯 4개(100g), 전분 3큰술, 가루간장 약간, 포도씨유 적당량
[소스] 채소국물 1/2컵, 매실청 5큰술, 고추장 1큰술, 다진 마늘 1작은술,
전분 · 물 1/4작은술씩

[만드는 법]
① 표고버섯은 기둥 끝의 딱딱한 부분만 자르고 굵직하게 썬다.
② 표고버섯에 가루간장을 약간 넣고 밑간한 뒤 전분으로 버무린다.
③ 냄비에 채소국물과 고추장을 넣고 푼 뒤 매실청과 다진 마늘을
넣고 한소끔 끓이다가 끓으면 전분과 물을 1:1로 섞어 넣고 약한
불에서 걸쭉하게 끓인다.
④ 포도씨유를 넉넉하게 두른 팬을 달궈 ②를 살짝 튀긴다.
⑤ ③에 튀긴 버섯을 넣고 버무려낸다.

TIP 표고버섯에 미리 밑간을 해둬야
기름에 노릇하게 튀겨낼 표고버섯은 가루간장을
넣어 밑간한 뒤에 전분으로 버무려야 표고버섯에
간이 적당히 들지요.

Menu 4　무생채

[재료] 무 100g, 실파 1뿌리, 다진 마늘 1작은술,
고춧가루 · 소금 · 통깨 1/4작은술씩

[만드는 법]
① 무는 얇게 슬라이스한 뒤 가늘게 채 썬다.
② 실파는 밑단을 자른 뒤 5cm 길이로 썬다.
③ 볼에 무와 실파를 담고 고춧가루, 다진 마늘, 소금을 넣고
무친다.
④ 그릇에 담기 전에 통깨를 넣어 한 번 더 무친다.

TIP 무생채는 먹기 직전에 무쳐야
무생채에 고춧가루 빛깔을 더 내고 싶다면 무를
채 썰자마자 고춧가루 분량의 절반을 넣어 먼저
무쳐주세요. 몇 번만 뒤적여도 금세 붉은 물이
든답니다.

menu
적채양파샐러드 **3**

menu
1
검은콩밥

menu **2**
버섯찌개

menu
4
미역무무침

겨울

일요일

검은콩밥과 버섯찌개 밥상

검은콩밥 + 버섯찌개 + 적채양파샐러드 + 미역무무침 + 쌈채소 + 딸기

겨울에는 양기를 보충할 수 있는 '온열성 음식'이 좋습니다. '온'은
따뜻한 기운으로 몸을 부드럽게 하며, '열'은 몸을 덥게 하여 신진대사를
활발하게 해주지요. 겨울이 제철인 귤 역시 몸을 따뜻하게 해줍니다.
과일로 섭취해도 좋지만 소스로 만들어 상큼하게 즐겨도 좋습니다.
겨울철 비타민과 무기질 보충원인 해조류도 잊지 말고 챙기세요.

미역
칼슘이 함유되어 골다공증 예방에
더없이 좋은 미역은 제철 재료가
궁한 겨울철에 팔방미인 같은
식재료입니다. 국은 물론 무침, 튀각
등 여러 요리로 변신 가능하지요.
남은 미역은 소금물에 씻어 살짝
데쳐 냉장 보관해두세요.

Menu 1 검은콩밥

[재료] 검은콩 2큰술, 현미·현미찹쌀 1/2컵씩, 물 2컵

[만드는 법]
① 현미와 현미찹쌀을 섞어 물에 씻은 다음 충분히 불린다.
② 검은콩도 물에 충분히 불린다.
③ 밥솥에 불린 현미와 현미찹쌀을 담고 검은콩을 얹어 밥을 짓는다.
④ 밥이 다 지어지면 고루 섞어 그릇에 담는다.

TIP 검은콩은 충분히 불렸다가 사용
검은콩은 5~6시간 정도 불렸다가 밥을 지어야 부드러운 콩밥을 드실 수 있습니다. 콩밥을 지을 때는 중간에 뚜껑을 열면 콩 비린내가 날 수 있으니 완전히 뜸을 들일 때까지 뚜껑을 열지 마세요.

Menu 2 버섯찌개

[재료] 표고버섯 1개(25g), 애느타리버섯 1/2줌(25g), 팽이버섯·양송이버섯 15g씩, 미나리 10g, 채소국물 1과 1/2컵, 캐슈너트가루 4작은술, 소금·가루간장 약간씩

[만드는 법]
① 버섯들은 깨끗이 손질해 먹기 좋은 크기로 썰거나 손으로 찢는다.
② 미나리는 잎 부분은 따로 떼고 4cm 간격으로 썬다.
③ 채소국물에 버섯들을 넣고 소금, 가루간장으로 간해 끓인다.
④ ③이 한소끔 끓으면 미나리와 캐슈너트가루를 넣고 휘저은 후 불을 끄고 미나리 잎을 얹는다.

TIP 냉장고 속 버섯 총출동
버섯찌개에 굳이 꼭 넣어야 할 버섯이란 없습니다. 냉장고 속에 있는 버섯을 몽땅 꺼내 손질해 넣으세요. 마지막에 넣는 캐슈너트가루는 아몬드가루나 들깨가루로 대체해도 맛있습니다.

Menu 3 적채양파샐러드

[재료] 적채 1장(30g), 양파 20g, 귤 1개, 말린 귤 조금,
레몬청 1/4큰술, 올리브오일 1/4작은술, 소금 약간

[만드는 법]
① 적채는 얇게 채 썬다.
② 양파는 채 썰어 찬물에 담가 매운맛을 뺀다.
③ 볼에 레몬청과 올리브오일, 소금을 넣어 고루 섞는다.
④ 접시에 채 썬 적채와 양파, 말린 귤을 넣고 고루 섞은 뒤, 귤을 반 잘라 그 위에 즙을 짜서 뿌린다.

TIP 귤즙도 샐러드 소스로 안성맞춤
채소 샐러드에 새콤달콤한 소스로 더하고 싶다면
귤즙을 이용해보세요. 즉석에서 귤을 짜 넣으면
상큼한 향내가 밥상에 진동하지요.

Menu 4 미역무무침

[재료] 마른 미역 5g, 무 10g
[무침 양념] 통깨 1작은술, 가루간장·아마씨유·소금 약간씩

[만드는 법]
① 마른 미역은 물에 불려 박박 치대 깨끗이 씻은 다음 물기를 빼고 적당한 크기로 자른다.
② 무는 가늘게 채 썰어 준비한다.
③ 볼에 분량의 재료를 섞어 무침 양념을 만든다.
④ ③의 양념장에 준비한 미역과 무를 넣어 조물조물 무친다.

TIP 새콤한 초무침을 원한다면 레몬즙을 추가
가루간장으로 맛을 낸 무침입니다. 초무침으로
무치고 싶다면 양념에 레몬즙을 추가하면
됩니다. 이때는 먹기 직전에 무쳐야 물기가 덜
생기지요.

떡갈비 맛 밀고기 반죽하기

떡갈비 맛 밀고기는 다진 고기 요리의 기본 반죽이기도 합니다. 밀고기 반죽을 칼등이나
고기용 망치로 두드려 다지는 게 핵심이지요. 작게 동글동글 빚어 튀겨내도 좋고, 이대로
햄버거 패티 등으로 활용해도 아주 맛있답니다. 여기에 파인애플과 양파, 배 등을 섞어 만든
조림 양념장을 더하면 맛있는 밀고기떡갈비가 완성되지요. 조림 양념장은 넉넉히 만들어놓고
냉동실에 보관해두었다가 사용하면 번거롭지 않게 떡갈비를 즐길 수 있습니다.

밀고기떡갈비

[재료] 글루텐 110g, 물 3/4컵, 양파 약간, 불린 대두 · 호두 · 캐슈너트 · 아몬드 · 잣 · 호박씨 10g씩

[조림 양념(10인분)] 골드파인애플 · 배 · 사과 1개씩, 양파 2개, 마늘 20쪽, 대파 2대, 생강 3톨, 매실청 1컵,

가루간장 · 후춧가루 약간씩

[만드는 법]

① 믹서에 글루텐과 잣을 제외한 모든 재료를 넣어 곱게 간다.

② 볼에 ①을 넣고 글루텐을 조금씩 넣어가며 반죽한다.

③ 반죽이 주걱에 달라붙지 않기 시작하면 손으로 표면이 매끈해질 때까지 치댄다.

④ 떡갈비 반죽은 동글납작하게 모양을 잡아 고기용 망치나 칼등으로 두드려 편다.

⑤ 믹서에 조림 양념 재료를 모두 넣고 곱게 간 뒤 두툼한 냄비에서 걸쭉해질 때까지 끓여 후춧가루를 뿌린다.

⑥ ④의 떡갈비 반죽에 조림 양념장을 넉넉히 넣고 재운 뒤, 팬에서 양념이 자작해질 때까지 앞뒤로

뒤집어가면서 간이 고루 배도록 조린다.

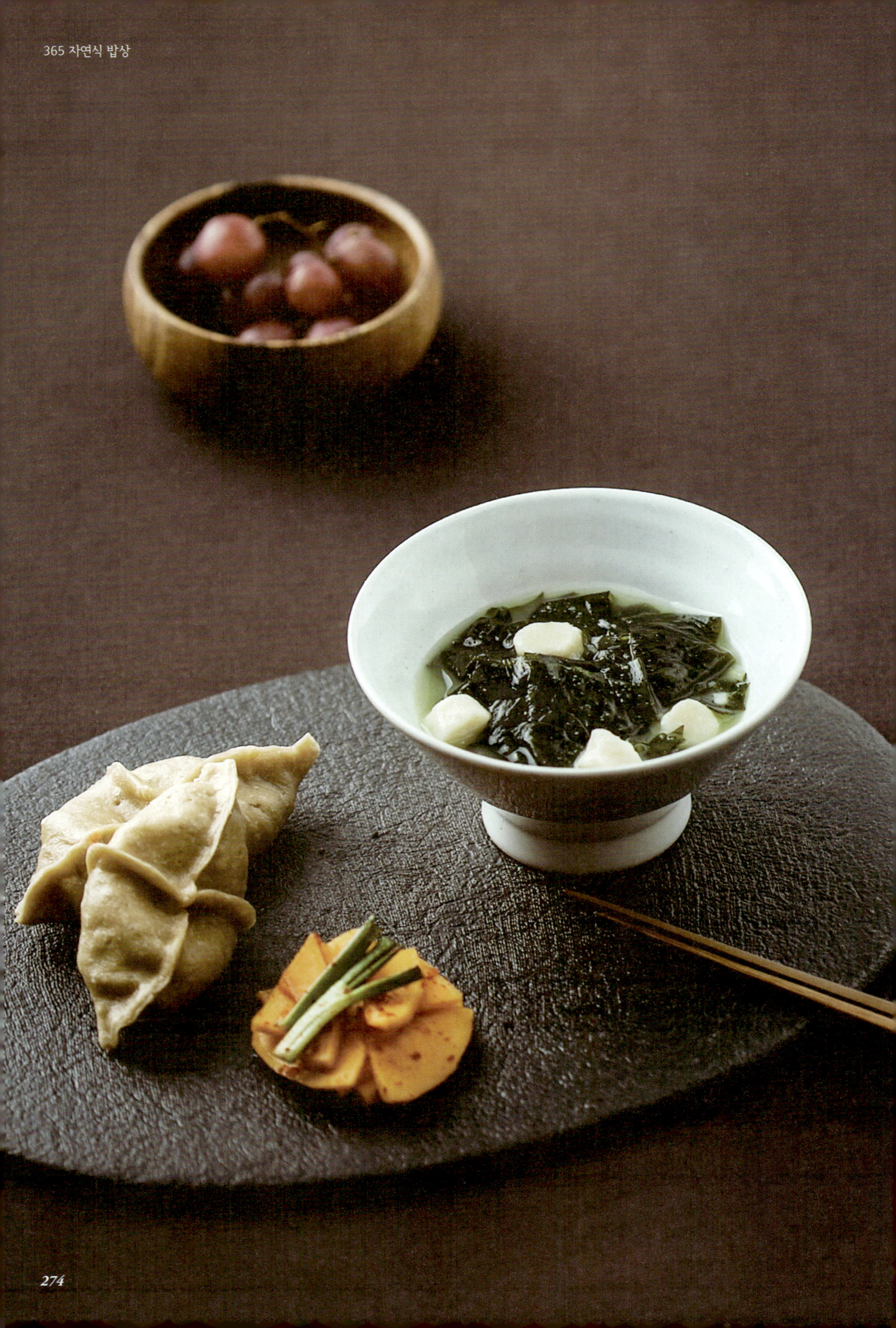

재충전을 위한 준비

저녁 밥상

자연식에서 저녁은 삼시세끼 중 가장
간단한 밥상입니다. 하루 종일 고생한
몸속 장기들이 충분히 쉴 수 있도록
하기 위해서이지요.
일상의 사이클도 낮 동안의 활동이
끝나고 휴식으로 들어가는 시간인 만큼
식사도 그에 맞춰 준비해야 합니다.
그래야 다음 날 아침 왕 같은 아침
밥상을 맞을 수 있답니다. 되도록 해가
지기 전에 저녁을 먹고 서너 시간 후에
잠드는 건강한 생활을 하세요.
사람은 원래 해가 있는 동안에 움직이고
어둠이 내리면 휴식을 취하는 신체
리듬을 가지고 있지요. 밥상도 그에
따라야 합니다.

"저녁을 5시 30분부터 먹어요?"
"저녁 시간이 너무 이르지 않나요?"
많은 분들이 저녁 7시가 넘어서야
저녁 식사를 시작하지요. 하지만
이는 자연의 섭리에 맞지 않습니다.
저녁 식사는 무조건 해가 지기 전에
끝내야 합니다. 그것이 건강한 내일을
맞이하는 비결입니다.

menu **2**
밑반찬

menu **1**
일품요리

저녁 밥상 식단 짜기

일품요리 + 밑반찬 (+ 과일)

일품요리

저녁 밥상은 먹기도 편하고 만들기도 편한 일품요리로 차립니다. 국수나 덮밥, 만두, 떡국, 수제비 등 요리도 다양하지요. 만들기는 간편하지만 맛과 영양을 고려해 국수 면은 클로렐라 가루를 섞은 면이나 통밀가루로 낸 면으로 만들고, 기본 국물은 반드시 채소국물을 사용하지요. 계절별로 상에 올리는 일품요리도 제각각인데, 입맛 잃기 쉬운 봄에는 죽순, 애호박, 쑥 등을 넣은 국수를, 무더운 여름에는 냉면, 소바, 콩국수, 쟁반국수 등 좀 더 다양한 면 요리를 올립니다. 가을에는 도토리묵과 들깨, 옹심이 등으로 뜨끈한 요리를, 겨울에는 한 그릇 뚝딱인 국밥 요리를 즐겨 먹지요. 사시사철 1년 365일이 이 한 그릇에 모두 있습니다.

밑반찬

저녁 밥상의 기본은 일품요리에 밑반찬 한 가지 정도입니다. 가장 많이 올리는 밑반찬이 자연식 김치이지요. 자연식 김치는 젓갈, 조미료, 설탕 대신 채소국물과 현미죽, 가루간장 등으로 맛을 낸 김치입니다. 겉절이처럼 즐기기 좋아 밤, 깻잎, 상추 등을 무쳐 먹는가 하면 배추, 오이, 무, 가지, 부추, 비트, 늙은호박 등을 김치로 만들기도 합니다. 김치와 더불어 죽순, 연근, 무말랭이, 버섯 등으로 만든 장아찌도 저녁 밥상에 자주 오르는 밑반찬입니다. 다만 자연식 김치나 장아찌는 일반 발효 김치와 장아찌처럼 오래오래 두고 먹기보다는 필요할 때 조금씩 담가 신선하게 맛보기를 권합니다.

과일

계절에 관계없이 자연식 식단에 빠지지 않고 올라오는 메뉴입니다. 저녁 밥상에는 배, 포도, 오렌지, 단감 등처럼 다년생 과일이 적합합니다. 만약 소화력이 약하다면 저녁에는 생채소와 과일을 함께 먹지 않는 게 좋습니다. 자칫 소화기관에 부담을 줄 수 있기 때문이지요. 아침에 많이 붓는 사람일수록 과일을 많이 드시길 권합니다. 과일 속 칼륨이 체내 수분을 배출해 부종을 완화시켜줍니다.

menu **2**

다시마조림

menu **1**

애호박국수

봄

월요일

애호박국수와 다시마조림 밥상

애호박국수 + 다시마조림 + 오렌지

마땅한 저녁거리가 없는 날, 냉장고에 애호박 자투리만 있으면 걱정이
없지요. 달달한 봄날 기운이 가득한 애호박을 곱게 채 썰어 국수 고명으로
올리면 저녁 한 끼가 완성됩니다. 마른 다시마를 채소국물과 가루간장에
달달 조려낸 다시마조림과 곁들이면 따로 김치가 필요 없지요. 애호박과
다시마 모두 기름에 볶지 않고 김 오른 찜기에 쪄내 부담 없이 가볍게 저녁
식사를 즐길 수 있습니다. 이왕이면 국수 면도 소화가 잘 되는 건강식으로
준비합니다. 오늘은 클로렐라 성분이 들어간 클로렐라 면으로 골랐습니다.

다시마
동맥경화와 고혈압, 변비 예방에
효과적인 식품입니다. 다시마에
풍부하게 함유된 알긴산은 지방
흡수를 방해함과 동시에 중금속의
체내 흡수를 막아주기도 하지요.
말리면 단백질을 비롯해 무기질, 칼슘,
비타민 등의 함량이 보다 높아집니다.

Menu 1 애호박국수

[재료] 클로렐라 면 1과 1/2줌(100g), 애호박 1/3개(90g), 느타리버섯 1/2줌(25g), 채소국물 4컵
[맑은 양념] 채소국물 2큰술, 가루간장 2작은술, 다진 마늘·송송 썬 실파 약간씩

[만드는 법]
① 애호박은 얇게 채 썰고 느타리버섯도 손으로 찢는다.
② 찜기에 채 썬 애호박을 담고 뚜껑을 덮어 약불에서 한 김 올려 찐다.
③ 냄비에 채소국물 4컵을 붓고 잘게 썬 느타리버섯을 넣고 한소끔 끓인다.
④ 끓는 물에 클로렐라 면을 넣고 파르르 끓어오르면 차가운 물을 1/2컵 넣고 다시
끓이기를 4회 정도 반복한 후, 국수를 건져 찬물에 헹군 다음 물기를 뺀다.
⑤ 그릇에 국수를 동그랗게 담고 ③을 붓고 찐 애호박을 올린다.
⑥ 볼에 양념장 재료를 모두 넣고 섞어 국수와 곁들여낸다.

TIP 애호박은 곱게 채 썰어 쪄내
애호박은 쪄내면 영양소 파괴를 줄일 수
있지요. 애호박이 몸을 따뜻하게 도와
혈액순환이 순탄치 않아 손발이 차가운
사람에게 추천하는 저녁 메뉴입니다.

Menu 2 다시마조림

[재료] 마른 다시마 20g
[조림 양념] 채소국물 5큰술, 조청 1큰술, 가루간장 1/2작은술, 통깨 1/4작은술, 아마씨유 약간

[만드는 법]
① 마른 다시마는 행주로 꼼꼼히 닦는다.
② 손질한 다시마를 살짝 헹궈 김 오른 찜솥에 찐다.
③ 찐 다시마는 넓이 1cm 정도로 넓게 채 썬다.
④ 냄비에 분량의 조림장 재료를 넣고 섞은 후 ③의 다시마를 넣고 약한 불에서
은근히 조린다.

TIP 도톰한 다시마가 맛도 좋아
다시마조림은 도톰한 다시마로 만들어야
맛도 좋습니다. 다시마 자체에 간을 머금고
있으므로 따로 간을 하지 않아도 되어요.

menu **2**

자차이

menu **1**

양배추죽순짬뽕

봄

화요일

양배추죽순짬뽕과 자차이 밥상

양배추죽순짬뽕 + 자차이 + 사과

먹을거리가 지천인 봄날, 나무의 새순들도 빼놓을 수 없습니다. 대나무의 순인 죽순과 두릅나무의 순인 두릅은 귀한 봄날의 별미 식재료이지요. 깊은 땅에서 죽순이 하나둘 올라오면 완연한 봄이 시작되었음을 의미합니다.
눈 깜짝할 사이에 하늘로 뻗어 올라, 짧은 봄날에만 즐길 수 있어 더욱 귀하지요. 아삭한 식감의 죽순은 스트레스를 해소하고 몸과 마음을 맑게 해줍니다. 고운 고춧가루를 푼 얼큰한 국물에 제철 봄 채소를 곁들여 짬뽕으로 즐기면 봄날의 춘곤증도 싹 사라질 거예요.

죽순
대나무의 어린 줄기인 죽순은
4월 말부터 한 달 정도 맛보는 봄
재료이지요. 당질과 단백질, 식이섬유가
주성분이라 비만 예방에 좋고, 염분
배출을 돕는 칼륨 함량이 높아 고혈압
예방에도 효과적입니다. 겉껍질을 벗긴
뒤 쌀뜨물에 삶은 뒤 조리해야 새순의
떫은맛을 없앨 수 있어요.

Menu 1 양배추죽순짬뽕

[재료] 통밀국수 2줌(160g), 곤약 120g, 삶은 죽순 35g, 배추·양배추 80g씩,

시금치 1줌(50g), 양송이버섯 2개(40g), 표고버섯 1개(25g), 당근·베지버거 25g씩, 대파 1뿌리

[국물] 채소국물 2와 1/2컵, 다진 마늘 1/2큰술, 가루간장·고운 고춧가루·포도씨유 1작은술씩

[만드는 법]
① 삶은 죽순은 쌀뜨물에 30분간 담가두었다 5mm 두께로 어슷 썬다.
② 곤약은 5cm 길이로 나박 썰어 충분히 삶은 후 찬물에 헹군다.
③ 배추는 속잎을 골라 세로로 2등분하고 양배추와 당근은 채 썬다.
시금치는 손질해두고 버섯들은 기둥 끝만 자르고 얇게 썬다. 대파는 어슷 썬다.
④ 냄비에 포도씨유를 두르고 다진 마늘을 볶아 향을 낸 다음 베지버거와 고춧가루를
넣고 볶다가 채소국물을 붓는다.
⑤ 국물이 끓으면 죽순과 곤약, 배추, 양배추, 당근, 양송이버섯, 표고버섯을 넣고
가루간장으로 간한 다음 한소끔 끓으면 시금치, 대파를 넣고 김만 올린 뒤 불을 끈다.
⑥ 끓는 물에 통밀국수를 넣고 파르르 끓어오르면 차가운 물을 1/2컵 넣고 다시 끓이기를
4회 정도 반복한 후, 국수를 건져 찬물에 헹군 다음 물기를 뺀다.
⑦ 삶은 국수를 찬물에 헹궈 그릇에 담고 ⑤를 붓는다.

TIP 죽순의 떫은맛은 쌀뜨물로 해결
죽순의 떫은맛을 제거하는 데 무엇보다
좋은 것이 쌀뜨물이지요. 쌀뜨물에 넣어
삶거나 담가두면 떫은맛이 사라지고
죽순의 식감이 더 부드러워집니다.

Menu 2 **자차이**

[재료] 오이 1/2개(100g), 양파 1/4개(50g), 고추기름 1큰술, 다진 마늘 1과 1/2큰술,
유기농 원당 1작은술

* 고추기름(1/2컵 기준) 고춧가루 1큰술, 포도씨유 1/2컵

[만드는 법]

① 오이와 양파는 채 썬다. 식감이 느껴지는 범위 내에서 가늘게 썬다.

② 팬에 포도씨유를 두르고, 고춧가루를 풀어 고추기름을 만든다.

③ ②에 다진 마늘을 넣어 볶다가 채 썬 오이와 양파를 넣고 볶는다.

④ 오이가 아삭하게 익을 정도로 볶으면 유기농 원당을 넣어 한 번 더 살짝 볶는다.

TIP 간단하게 고추기름 만들기

고추기름은 집에서 간단하게 만들 수
있어요. 팬에 분량의 포도씨유를 붓고
고춧가루를 넣고 계속 저어주며
색을 내면 됩니다. 이때 포도씨유와
고춧가루의 비율은 7:1 정도입니다.

menu **1**
쑥감자칼국수

menu **2**
죽순장아찌

봄
___
수요일

쑥감자칼국수와 죽순장아찌 밥상

쑥감자칼국수 + 죽순장아찌 + 청포도

자연식에서 저녁 밥상은 하루 중 가장 소박한 밥상이지요. 간소하게 먹는
저녁 식사이지만 그렇다고 영양을 고려하지 않을 수는 없습니다. 봄나물인
쑥과 대표적인 알칼리성 식품인 감자, 그리고 통밀가루로 반죽해 알차고
든든한 칼국수를 끓여봅니다. 쑥으로 반죽한 초록빛 칼국수가 보기만 해도
건강해지는 기분이 들지요. 쑥 향이 가득한 칼국수에 꼬들꼬들한 식감이 더욱
살아나는 죽순장아찌를 곁들이니 봄철 나른해진 몸에 활기를 불어넣어줄
영양식이 한 상 차려집니다. 몸도 마음도 가볍게 해줄 밥상입니다.

통밀가루
껍질을 제거하지 않은 통밀로 빻은
가루입니다. 식감이 다소 거칠지만
정제한 밀가루에는 없는 미네랄과
다량의 토코페롤이 함유되어
건강에는 더없이 좋지요. 자연식에서
만드는 면이나 빵 요리에 자주
사용하는 식재료입니다.

Menu 1 쑥감자칼국수

[재료] 통밀가루 180g, 쑥 2와 1/2줌(50g), 감자 1개(150g), 채소국물 3컵, 물 1컵,
가루간장 1/2작은술, 소금 1/4작은술

[만드는 법]
① 감자는 껍질을 벗긴 뒤 강판에 갈아 물 1컵을 충분히 붓고 냉장고에 잠시 둔다.
② ①을 꺼내 윗물은 따라내고 가라앉은 부분만 남긴다.
③ 믹서에 쑥과 통밀가루, ②를 넣고 간 후 그대로 반죽한다.
④ ③의 반죽 중 일부는 옹심이를 빚고, 나머지는 제면기에 넣어 면을 만든다.
⑤ 냄비에 채소국물을 넣고 팔팔 끓으면 칼국수 면과 감자 옹심이를 넣고 끓인다.
⑥ 면과 옹심이가 익으면 가루간장과 소금을 넣어 간한다.

TIP 감자가 들어간 반죽에는 물은 생략
감자를 갈아 넣는 반죽을 할 때 물을
따로 넣지 않아도 됩니다. 감자 즙이 있어
수분이 충분하기 때문이지요. 통밀로
만든 칼국수는 일반 칼국수보다 오래
삶아야 소화가 더 잘 된답니다.

Menu 2 죽순장아찌

[재료] 죽순 100g

[양념장] 채소국물 5컵, 조청 10큰술, 가루간장 5큰술, 통후추 1큰술

[만드는 법]

① 죽순은 통째로 쌀뜨물에 삶아 적당한 크기로 자른다.

② 냄비에 분량의 재료를 섞어 양념장을 만든 후 팔팔 끓인다.

③ 유리병이나 항아리에 삶은 죽순을 담고 끓인 양념장을 붓는다.

④ 일주일 간격으로 국물만 따라내 끓인 다음 식혀 붓기를 3차례 반복한다.

TIP 죽순은 통째로 삶아 요리해야

죽순을 삶을 때는 반드시 통째로 삶아주세요. 죽순을 조각내서 삶으면 식감이 덜할 수 있답니다. 사용 후 죽순이 남으면 설탕물에 재워 냉장고에 보관하면 되어요.

menu **2**

치자단무지

menu **1**

부추만두찜

봄

목요일

부추만두찜과 치자단무지 밥상

부추만두찜 + 치자단무지 + 적포도

흔히 만두를 손이 많이 가는 부담스러운 요리라고 생각하지만,
자연식 채소만두는 만드는 과정도 간단할뿐더러 칼로리도 높지 않아
저녁 한 끼로 제격이지요. 제철을 맞은 채소 한두 가지만 넣어도 맛난
봄 만두가 만들어집니다. 통밀가루로 반죽한 만두피에 봄날의 기운이
가득한 부추를 송송 썰어 부추만두를 만들었습니다. '간의 채소'라고도
불리는 부추는 봄날의 신진대사를 더욱 활발하게 해주지요.
특히 손발이 찬 사람에게 더없이 좋은 채소랍니다.

치자
치자나무의 열매인 치자는 한방에서
약재로 쓰는 열매입니다. 감기와
두통, 불면증 완화에 효능이
있답니다. 자연식 요리에서는
음식을 물들이는 건강 색소로
쓰이는데, 전이나 튀김, 단무지 등에
색을 입히기 좋답니다.

Menu 1 **부추만두찜**

[만두피] 통밀가루 150g, 물 1/2컵, 소금·올리브유 약간씩
[소] 부추 3줌(150g), 숙주 1줌(50g), 베지버거 160g, 두부 1/5모(60g), 다진 마늘 1작은술
[레몬 간장] 채소국물 2큰술, 레몬즙 1작은술, 꿀 1/2작은술, 가루간장 1/4작은술

[만드는 법]
① 볼에 통밀가루, 물, 소금, 올리브유를 넣고 반죽한 뒤 비닐봉지에 담아 숙성시킨다.
② 부추는 1줌만 덜어 씻어서 송송 썰고, 숙주도 잘게 썬다.
③ 기름을 두르지 않은 팬에 베지버거를 넣고 볶다가 잘게 썬 숙주를 넣고 살짝 볶는다.
다진 마늘과 두부를 으깨어 넣고 한 번 더 볶는다.
④ 불을 끄고 ③에 부추를 넣어 손으로 조물조물 섞어 만두소를 만든다.
⑤ 숙성된 반죽을 조금씩 떼어 동그랗게 밀어 만두피를 만든다.
⑥ 만두피에 소를 넣고 만두를 빚어 김 오른 찜솥에 10분 찐다.
⑦ 볼에 분량의 재료를 섞어 레몬 간장을 만들어 곁들인다.
⑧ 남은 부추를 적당한 크기로 잘라 접시에 올리고 완성된 만두를 올린다.

TIP 따로 밑간을 하지 않고 찌기
간장을 곁들이는 만두에는 따로 밑간을 하지 않습니다. 만두소로 들어간 베지버거에 이미 간이 되어 있어 소금이나 가루간장이 필요하지 않아요.

Menu 2 치자단무지

[재료] 무 90g
[절임 물] 레몬즙 2큰술, 꿀 · 치자 물 1큰술씩, 소금 1/4작은술
* 치자 물(1/2컵 기준) 치자 2~3개, 물 1/2컵

[만드는 법]
① 무는 껍질을 벗긴 뒤 얇게 썬다.
② 분량의 재료를 넣고 30분간 우려 치자 물을 만든다.
③ 볼에 레몬즙과 꿀, 치자 물, 소금을 섞어 절임 물을 만든다.
④ 얇게 채 썬 무를 절임 물에 30분 이상 담근다.

TIP 치자단무지는 완성 뒤 냉장 보관
치자단무지는 냉장 보관하면 시간이
지날수록 더 곱게 색이 들고 새콤달콤
아삭한 맛이 나지요.

menu **2**

부추김치

menu **1**

자연식 커리덮밥

봄

금요일

자연식 커리덮밥과 부추김치 밥상

자연식 커리덮밥 + 부추김치 + 레드향

향이 강한 인도 요리인 커리는 별미 식단으로 내놓기 좋은 요리입니다.
신선한 봄채소에 커리를 섞어 현미밥에 올리면 속이 든든한 건강식 덮밥이
차려집니다. 커리의 노란색이 입맛 잃는 봄날 식욕까지 자극해주니
건강은 물론 기분 전환에도 좋지요. 커리는 20여 가지의 재료를 섞어
만든 복합 향신료인데, 그중에서도 노란색 색소 성분인 커큐민은 강력한
항암·항산화 물질로 알려져 있습니다. 그런 까닭 때문인지 커리의
나라 인도는 알츠하이머병 발생률이 미국의 1/4에 불과하답니다.
'오늘은 뭘 해 먹을까?' 싶은 날, 주저하지 말고 커리를 챙겨보세요.

커리
강황, 커큐민, 계핏가루, 후추, 겨자,
생강, 마늘 등 20여 가지의 재료를 섞어
만든 복합 향신료입니다. 항암 작용,
노인성 치매 예방, 다이어트에 효능이
있어 건강식으로 찾는 사람들이 많지요.
원래 커리는 닭고기와 우유 등으로
맛을 내는데, 자연식으로도 충분히
맛있게 즐길 수 있답니다.

Menu 1 자연식 커리덮밥

[재료] 현미밥 2공기, 감자 1과 1/3개(200g), 양파 1/2개(100g), 두부 1/3모(100g),
브로콜리 1/3개(약 70g), 당근 · 빨강 파프리카 · 피망 30g씩, 방울토마토 5개,
베지버거 25g, 포도씨유 1작은술

[커리 소스] 커리가루 250g, 파인애플 100g, 물 2와 1/2컵, 생강즙 1큰술

[만드는 법]
① 감자는 껍질을 벗겨 깍둑 썰고 양파, 두부, 당근, 파프리카, 피망도 같은 크기로 썬다.
② 브로콜리는 먹기 좋은 크기로 떼어 데친 후 찬물에 헹구고, 방울토마토는 반 자른다.
③ 파인애플은 곱게 다지거나 믹서에 간다. 커리가루와 간 파인애플, 생강즙을 넣어 푼다.
④ 포도씨유를 두른 팬에 베지버거를 넣어 볶다가 깍둑 썬 감자, 당근을 넣어 볶는다.
⑤ ④가 어느 정도 익으면 양파와 1/2 분량의 물을 넣고 끓인다.
⑥ 한소끔 끓으면 나머지 물과 ③을 넣어 끓이면서 파프리카와 피망, 브로콜리, 두부,
방울토마토를 넣어 마무리한다.
⑦ 접시에 현미밥과 커리를 1:1로 담는다.

TIP 커리 재료는 어떤 채소든 좋아
커리는 정해진 재료 없이 다양한
채소와도 잘 어울립니다. 파인애플과
방울토마토 등을 넣고 과일 커리를
만들거나, 표고버섯, 양송이버섯 등을
넣어 버섯 커리를 만들어도 맛있답니다.

Menu 2 부추김치

[재료] 부추 1줌(50g), 양파 20g

[양념] 채소국물 · 고춧가루 1큰술씩, 가루간장 · 통깨 1작은술씩

[만드는 법]

① 부추는 밑단을 자르고 먹기 좋은 크기로 썬다.

② 양파는 부추 길이에 맞춰 길게 채 썬다.

③ 볼에 채소국물을 붓고 고춧가루, 가루간장, 통깨를 넣고 고루 섞어 양념을 만든다.

④ 채 썬 부추와 양파에 양념장을 넣어 버무린다.

TIP 바로 먹는 김치는 찹쌀 풀 생략

찹쌀 풀은 양념을 잘 어울리게 하고 전분질이 있어서 김치를 맛있게 익게 해주지요. 하지만 부추김치처럼 무쳐서 바로 먹는 김치에는 찹쌀 풀을 따로 내지 않아도 됩니다.

menu **2**

세발나물

menu **1**

메밀수제비

봄

토요일

메밀수제비와 세발나물 밥상

메밀수제비 + 세발나물 + 오렌지

푸른색 잎, 붉은색 줄기, 하얀색 꽃, 검은색 열매, 노란색 뿌리로 다섯 가지
색을 품고 있다하여 메밀은 예부터 '오방지영물'로 불리며 귀한 대접을
받아왔습니다. ≪동의보감≫에는 메밀을 먹으면 1년 동안 쌓인 체기가
가라앉는다고 했지요. 찬 기운의 메밀이 몸 안에 쌓인 열기와 습기를
몸 밖으로 나가게 해 몸을 가볍게 만들어줍니다. 하지만 평소 몸이
찬 편이라면 메밀을 따뜻하게 즐길 것을 권합니다. 메밀가루를 넣은
반죽으로 수제비를 떠서 담백한 채소국물에 끓여내면 체질 걱정 없이
메밀의 영양을 그대로 즐길 수 있어요.

메밀가루
메밀은 보통 가루를 내어 요리에
사용합니다. 영양적으로 단연 곡류 중
최고라 할 수 있습니다. 필수아미노산은
밀의 2배, 섬유소는 쌀의 23배에
이릅니다. 또한 곡류 중 유일하게
노화를 방지하는 비타민 P의 일종인
루틴을 함유하고 있지요. 메밀은 들깨와
곁들이면 영양상 더욱 좋습니다.

Menu 1 메밀수제비

[반죽] 메밀가루 150g, 뜨거운 물 7큰술, 소금 1/4작은술
[국물] 곱게 간 들깨 2큰술, 채소국물 3컵, 소금 약간

[만드는 법]
① 메밀가루에 소금을 넣고 뜨거운 물을 부어가며 말랑말랑하게 반죽한다.
② 메밀 반죽이 완성되면 랩에 싸 냉장고에서 1시간 정도 숙성시킨다.
③ 냄비에 채소국물을 붓고 끓이다가 메밀 반죽을 찬물에 담갔다 꺼내 손으로 떼어 넣거나 숟가락으로 떠 넣는다.
④ 수제비가 익으면 소금으로 간하고 곱게 간 들깨를 넣는다.
⑤ 한소끔 끓으면 불을 끈다. 취향에 따라 부추를 송송 썰어 고명으로 얹어도 좋다.

TIP 메밀 반죽은 냉장고에서 숙성
물과 메밀가루를 섞어 반죽을 한 다음에는 꼭 랩을 싸 냉장고에서 숙성시키세요. 수분이 골고루 퍼지고 글루텐이 형성되어 더욱 맛이 좋아집니다. 수제비 반죽은 끓는 물에 떠 넣기 전 찬물에 담그면 모양이 한결 부드럽고 얇게 잡힙니다.

Menu 2 세발나물

[재료] 세발나물 2줌(100g), 매실청 1작은술, 고춧가루 1/2작은술, 가루간장 1/4작은술,
현미 깨기름 약간
* 현미 깨기름(1컵 기준) 깨소금 2큰술, 현미유 1컵

[만드는 법]
① 세발나물은 물에 담가 불순물을 제거한 후 체에 밭쳐 물기를 뺀다.
② 현미유와 깨소금을 믹서에 넣고 갈아 현미 깨기름을 만든다.
③ 볼에 물기를 뺀 세발나물과 매실청, 고춧가루, 가루간장을 넣고 버무린다.
④ 만들어놓은 현미 깨기름을 ③에 살짝 뿌려 버무린 후 그릇에 담는다.

TIP 세발나물은 물에 담가 손질해야
갯벌에서 자라는 세발나물은 자잘한
불순물이 제거될 수 있도록 넉넉한
물에 담갔다가 사용하세요. 데치지
않고 생으로 먹으면 짭조름한 맛이
느껴진답니다.

menu **2**
감자오븐구이

menu **1**
잔치국수

봄

일요일

잔치국수와 감자오븐구이 밥상

| 잔치국수 + 감자오븐구이 + 적포도 |

밥하기 싫은 날, 손쉽게 만들어 먹을 수 있는 메뉴로 꼽는 것 중 하나가
잔치국수이지요. 잔치국수는 고명을 어떻게 올리느냐에 따라 조리시간도,
그 맛도 달라집니다. 굳이 이런저런 고명을 다 올리기보다는 한두 가지
고명만 올린 소박한 국수가 맛은 물론 뱃속 건강에 더 이롭답니다.
채소국물에 고춧가루, 깨소금, 아마씨유를 더해 양념장만 맛있게 만들면
김치나 집에 있는 채소 한두 가지만 올려도 후루룩 넘어가지요. 버섯을
고명으로 얹는다면 따로 밑간을 해둬야 밋밋하지 않답니다.
색다르게 즐기고 싶다면 컬러풀한 클로렐라 면으로 사용하세요.

클로렐라 면
클로렐라를 말린 원말로
반죽한 면입니다. 클로렐라는
미국항공우주국에서 우주인의
식품으로 연구하면서 유명해지기
시작했지요. 종양 억제 기능과
함께 빈혈 예방, 골다공증 예방,
중금속 배출, 장 기능 개선 등
다방면에서 효능을 보입니다.

Menu 1 **잔치국수**

[재료] 클로렐라 면 1과 1/2줌(100g), 부추 2줌(100g), 애호박 1/3개(90g), 표고버섯 1개(25g),
당근·양파 30g씩, 채소국물 2컵, 소금 1/2작은술
[부추 양념] 깨소금 1/2작은술, 소금·아마씨유 약간씩
[표고버섯 양념] 다진 마늘 1/2큰술, 가루간장 1/4작은술
[양념장] 채소국물 4큰술, 고춧가루 1큰술, 깨소금 1작은술, 아마씨유 1/4작은술

[만드는 법]
① 부추는 살짝 데쳐 찬물에 헹군 후 송송 썬 다음 깨소금, 소금, 아마씨유에 버무린다.
② 애호박은 채 썰어 채소국물을 약간 넣고 소금 간해 살짝 볶는다.
③ 표고버섯은 채 썰어 가루간장과 다진 마늘을 넣고 볶는다.
④ 당근과 양파는 채를 썬 후 각각 채소국물을 약간 넣고 살짝 볶는다.
⑤ 끓는 물에 클로렐라 면을 넣고 파르르 끓어오르면 차가운 물을 1/2컵 넣고 다시
끓이기를 4회 정도 반복한 후 국수를 건져 찬물에 헹군 다음 사리를 지어 물기를 뺀다.
⑥ 그릇에 면을 담고 채소국물을 부은 후 준비한 부추와 애호박, 표고버섯, 양파,
당근을 올린다.
⑦ 볼에 분량의 재료를 섞어 양념장을 만들어 국수에 곁들인다.

TIP **찬물에 헹궈 물기 빼기**
국수는 삶은 뒤에는 반드시 찬물에
헹궈야 면발에 탄력이 있습니다.
찬물에 헹군 뒤에는 사리를 지어
채반에 올려 물기를 꼭 빼줘야 합니다.

Menu 2 감자오븐구이

[재료] 감자 1과 1/개(200g), 포도씨유 1/2작은술, 소금 약간

[만드는 법]

① 감자는 껍질째 사용하므로 수세미를 이용해 깨끗이 손질한다.

② 손질한 감자는 껍질째 5~6등분한다.

③ 5~6등분한 감자에 포도씨유를 얇게 바른 후 소금을 고루 뿌린다.

④ 180℃로 예열한 오븐에 15분간 굽는다.

TIP 감자에 간을 하고 15분 뒤에 굽기

감자오븐구이를 더 맛나게 즐기려면
감자에 포도씨유와 소금으로 밑간하고
15분 정도 지난 뒤에 오븐에서 구워내야
합니다. 그러면 감자 속까지 간이 배여
더 맛납니다.

자연식 배추김치 담그기

자연식 김치를 만드는 방법은 의외로 간단합니다. 채소국물, 고춧가루, 가루간장, 다진 마늘 등을
섞은 양념장에 주재료인 채소를 절여 버무리면 되지요. 오래 두고 먹기보다 열흘 안에 먹는 김치이므로
조청 등의 당을 쓰지 않고 배와 양파를 갈아 넣어 감칠맛과 아삭함을 내는 게 특징입니다. 정제되지
않은 현미찹쌀가루로 찹쌀 풀을 쑤어 넣어 시원하면서도 담백하고 깔끔한 맛을 자랑한답니다.

배추김치

[재료] 배추 1포기, 무 30g, 양파 3/4개(150g), 쪽파 3뿌리, 물 3컵, 굵은 소금 1컵
[찹쌀 풀] 현미찹쌀가루 1/2컵, 채소국물 1컵
[양념] 배 2개(800g), 다진 마늘 5큰술, 다진 생강 1큰술, 소금 1작은술,
고춧가루 1과 1/2컵, 가루간장 3/4컵, 매실청 1/2컵

[만드는 법]
① 배추를 반 가르고 분량의 굵은 소금 중 1/3컵을 물에 풀어 붓고, 남은 소금을 뿌려
3시간가량 절인다. 깨끗이 씻어 체반에 밭쳐 물기를 뺀다.
② 무와 양파는 적당한 굵기로 채 썬다. 쪽파는 4~5cm 길이로 자른다.
③ 냄비에 현미찹쌀가루와 채소국물을 풀어 끓인다.
④ 믹서에 양념 재료를 넣어 곱게 간다.
⑤ 찹쌀 풀이 식으면 ④의 양념을 넣어 고루 섞는다.
⑥ 찹쌀 풀을 섞은 양념에 준비한 채소를 섞어 소를 만든다.
⑦ 배춧잎 사이사이에 소를 바르고 그릇에 담는다.

menu **2**

찐 단호박

menu **1**

열무국수

여름

월요일

열무국수와 찐 단호박 밥상

열무국수 + 찐 단호박 + 멜론

통밀국수를 삶아 잘 익은 열무김치 국물에 말아 먹는 열무국수는 날이
더워지기 시작할 무렵부터 사랑받는 메뉴이지요. 가슴까지 탁 트이는 시원한
국물이 일품인데, 잘 익은 열무김치 국물만 있다면 계절에 상관없이 언제고
한 그릇 뚝딱 차려낼 수 있습니다. 열무김치 국물에 배와 파인애플, 매실액,
꿀 등을 넣어 은은한 단맛을 더한 것도 자연식 열무국수의 특징이지요.
곁들임 요리로 찐 단호박을 올려 국물의 칼칼함도 덜어줍니다. 시원한 멜론
한 조각을 더하면 하루 동안 더위에 지친 몸과 마음을 달래기 그만입니다.

열무
'어린 무'를 뜻하는 열무는
무보다는 주로 연한 잎을 먹는
식재료입니다. 열무의 어린잎은
연하고 맛있을뿐더러 비타민 A와
C가 풍부한 알칼리성 식품이지요.
겉절이나 김치는 물론 냉면, 비빔밥
등에 두루두루 어울리며 잎이
도톰해야 빨리 무르지 않습니다.

Menu 1 열무국수

....

[재료] 클로렐라 면 또는 통밀국수 2줌(160g), 무 60g, 오이 1/4개(50g), 꿀 · 레몬즙 1/2작은술씩
[국물] 열무김치 국물 1컵, 파인애플 170g, 배 1/5개(80g), 양파 1/5개(40g), 홍고추 5개, 마늘 1쪽,
매실액 2큰술, 꿀 · 레몬즙 · 깨소금 1큰술씩

[만드는 법]
① 무는 직사각형 모양으로 편 썰어 꿀과 레몬즙에 절인다. 오이도 굵은 소금으로 문질러
씻은 후 무와 같이 편 썬다.
② 믹서에 열무김치 국물과 파인애플과 배, 양파, 홍고추, 마늘을 넣고 곱게 간다.
③ ②에 매실액과 꿀, 레몬즙, 깨소금을 넣어 고루 섞어 국물을 만든다.
④ 끓는 물에 국수를 넣고 파르르 끓어오르면 차가운 물을 1/2컵 넣고 다시 끓이기를
4회 정도 반복한 후 국수를 건져 찬물에 헹군 다음 사리를 지어 물기를 뺀다.
⑤ 물기를 뺀 통밀국수에 국물을 붓고 편 썬 오이와 절인 무를 올려낸다.

TIP 통밀국수는 찬물을 부어가며
삶아야 더욱 쫄깃해
통밀국수는 일반 국수에 비해 좀 더
오래 삶아야합니다. 국수가 너무 퍼지지
않게 여러 차례 차가운 물을 부어가며
삶아주세요.

Menu 2 **찐 단호박**

[재료] 단호박 1/4개(150g)

[만드는 법]
① 단호박은 솔로 표면을 손질한 뒤 꼭지를 떼고 반 자른다.
② 물기를 제거한 뒤 세로 홈을 따라 잘라 숟가락으로 씨를 파낸다.
③ 김 오른 찜솥에 단면이 바닥을 향하도록 놓고 10분간 찐다.
④ 다 익은 단호박은 한 김 식힌다.
⑤ 한 김 식힌 단호박을 적당한 크기로 잘라 담는다.

TIP 단호박은 10분 미만으로 쪄내야
단호박은 너무 익히면 물러지고 맛이
싱거워집니다. 적당하게 쪄서 포실한 맛을
살리려면 10분 미만으로 쪄내야 하지요.
젓가락으로 찔러보아 쑥 들어가면 불을
끄고 꺼내세요.

menu **2**
오이소박이

menu **1**
애호박편수

여름

화요일

애호박편수와 오이소박이 밥상

애호박편수 + 오이소박이 + 토마토

달짝지근한 애호박이 맛있는 초여름, 애호박을 듬뿍 넣은 편수를
빚습니다. 다른 재료 없이 통밀가루로 피를 만들고 애호박을 채 썰어 소금
간만 해도 꿀맛이지요. 섬유질이 적어 소화가 잘 되는 애호박은 저녁 식사
재료로 좋답니다. 오늘은 여름이 제철인 애호박과 단백질이 풍부한 쫄깃한
마른 표고버섯을 아마씨유와 다진 마늘 등에 조물조물 무쳐 함께 소로
넣었지요. 막 무쳐내도 먹기 좋은 오이소박이를 곁들이면 맛은 물론
영양까지 훌륭한 조합이 이루어집니다.

오이
비타민 공급체라 불리는 오이는
상쾌한 맛이 있어 샐러드나
오이소박이, 오이지, 오이장아찌,
오이냉국 등 생으로 즐기기 좋은
여름 채소입니다. 곱게 썬 오이를
우무묵, 깨소금 등과 함께 두유에
넣어 냉콩국으로 즐겨도 맛나지요.

Menu 1 애호박편수

[반죽] 통밀가루 150g, 물 4큰술, 소금 · 올리브유 1/8작은술씩
[소] 애호박 1/3개(90g), 마른 표고버섯 40g, 소금 · 포도씨유 약간씩
[표고버섯 양념] 다진 마늘 · 가루간장 · 아마씨유 약간씩

[만드는 법]
① 통밀가루에 물, 소금, 올리브유를 넣고 반죽해 비닐에 담아 1시간 냉장고에서
숙성시킨다.
② 애호박은 씻어 곱게 채 썬 후 소금을 살짝 뿌려 재웠다가 물기를 꼭 짠다.
③ 마른 표고버섯을 물에 불려 물기를 꼭 짠 다음 곱게 다져 다진 마늘, 가루간장,
아마씨유를 넣고 밑간한다.
④ 불에 달군 팬에 포도씨유를 두르고 애호박과 ③의 표고버섯을 볶은 뒤 한 김 식힌다.
⑤ 숙성된 반죽을 얇게 밀어 사방 7cm 정사각형으로 자른 다음 ④의 소를 한 스푼 넣고
네 귀퉁이를 모아 맞닿는 부분을 꾹꾹 눌러 편수를 빚는다.
⑥ 김 오른 찜통에 편수를 올려 한 김 올려 완성한다.

TIP 애호박은 절였다가 물기를 꼭 짜야
애호박은 수분 흡수력이 좋은
채소입니다. 소금에 절인 뒤에는 물기를
꼭 짜서 소로 넣어야 질퍽이지 않지요.
편수를 쪄낼 때도 너무 익으면 물기가
생기기 쉬우니 피가 익을 정도로만
쪄주세요.

Menu 2 오이소박이

[재료] 오이 2개(400g), 소금 2작은술
[소] 부추 1/2줌(25g), 당근 20g, 채소국물 4큰술, 고춧가루 2큰술, 가루간장 1/2작은술

[만드는 법]
① 오이는 굵은 소금으로 문질러 씻은 다음 4cm 길이로 잘라 아랫부분을 1cm 남기고 십자로 칼집을 내고 분량의 소금을 뿌려 1시간 정도 절인다.
② 소금에 절인 오이는 깨끗이 헹궈 소쿠리에 밭쳐 물기를 뺀다.
③ 부추는 밑단을 제거해 송송 썰고, 당근은 가늘게 채 썬다.
④ 부추와 당근을 한데 섞고 채소국물과 고춧가루, 가루간장을 넣고 버무려 소를 만든다.
⑤ 물기를 뺀 오이의 칼집 사이사이에 소를 채워 그릇에 담는다.

TIP 오이는 껍질째 사용할 것
오이는 껍질에 비타민과 무기질이 풍부합니다. 되도록 껍질째 조리하는 것이 영양 손실이 적지요. 굵은 소금으로 문질러 오돌토돌한 가시만 없애고 조리하세요.

menu **2**
냉면김치

menu **1**
비빔냉면

여름

수요일

비빔냉면과 냉면김치 밥상

비빔냉면 + 냉면김치 + 참외

여름엔 뭐니 뭐니 해도 냉면이지요. 더위를 식히고 입맛을 돋우는 데다
메밀과 무, 오이 등 여름에 필요한 영양 재료들이 골고루 들어 있습니다.
냉면 맛은 육수라고, 고기 한 점 없이 어찌 육수를 내냐 물어오는 분들도
있지만 육수나 편육 없이도 입에 착 달라붙는 냉면을 만들 수 있답니다.
바로 자연식 냉면입니다. 채소를 팔팔 끓여 식힌 채소국물에 실파와 양파,
마늘을 다져 넣고 여름 채소인 오이와 토마토를 올리면 속까지 시원해지는
자연식 냉면 한 그릇이 완성되지요. 냉면을 만들 때 양념장을 미리
만들어두면 양파와 마늘 등의 매운맛이 중화되어 한결 먹기 좋답니다.

고춧가루
한여름 뜨거운 태양에 익은 빨간
고추를 빻아 가루를 낸 고춧가루는
사시사철 여름의 기운을 전하는
식재료이지요. 고추의 기운이 식욕을
촉진하고 단백질 소화를 돕습니다.
자연식 요리에서는 부담감이 덜한 고운
고춧가루를 즐겨 사용합니다.

Menu 1 **비빔냉면**

[재료] 냉면 400g, 올리브유 약간
[국물] 채소국물 2컵, 레몬즙 2큰술, 가루간장·고춧가루·꿀 1작은술씩
[양념] 쪽파 1뿌리, 다진 양파 6큰술, 다진 마늘 1/2큰술, 꿀 2큰술,
고춧가루·가루간장·레몬즙 1큰술씩
[고명] 오이 1/2개(100g), 토마토 1/5개(40g), 소금·레몬즙·꿀 1작은술씩

[만드는 법]
① 쪽파를 송송 썰어 분량의 양념 재료에 섞어 양념장을 만든다.
② 오이는 반 잘라 어슷 썰어 소금에 절여 물기를 빼고 레몬즙과 꿀을 넣어 버무린다.
③ 채소국물에 레몬즙, 가루간장, 고춧가루, 꿀을 더해 냉면 국물을 만든 뒤 냉장고에
넣어 차게 식힌다.
④ 냄비에 물이 끓으면 올리브유를 한 방울 떨어뜨린 다음 냉면을 넣는다. 젓가락으로
저어 1~2분 후 불을 끈 다음, 뚜껑을 덮어 2~3분 뒤 건져서 찬물에 헹궈 물기를 뺀다.
⑤ 그릇에 물기 뺀 냉면을 담고 절인 오이를 올린다. 토마토를 먹기 좋은 크기로 잘라
올린 다음 차게 식힌 냉면 국물을 붓고 양념장을 곁들인다.

TIP **냉면은 뜨거운 물에 불려도 좋아**
소화력이 약하다면 냉면을 끓는 물에
삶는 대신 뜨거운 물에 넣고 부드럽게
익혀 드세요. 한결 소화가 잘 된답니다.
과일과 양파를 잘게 다져 양념과 섞어도
좋아요.

Menu 2 냉면김치

[재료] 무 120g, 꿀 · 레몬즙 1작은술씩, 소금 1/2작은술, 취향에 따라 고춧가루 약간

[만드는 법]
① 무는 2cm 두께의 원통으로 토막 낸 다음 평평한 부분을 밑으로 해 얇게 썬다.
② 볼에 얇게 썬 무와 꿀, 레몬즙, 소금을 넣고 버무린다. 고춧가루를 넣는다면
이 단계에서 함께 넣고 버무린다.
③ 새콤달콤한 맛이 들면 먹는다.

TIP 무는 얇게 썰어야 맛도 잘 들어
냉면김치에 넣을 무는 되도록 얇게
썰어주세요. 그래야 꿀과 레몬, 소금,
고춧가루 등의 양념에 빨리 맛이 들어
먹기 좋답니다.

menu **1**

메밀소바

menu **2**

파김치

여름

목요일

메밀소바와 파김치 밥상

메밀소바 + 파김치 + 청포도

여름날 저녁 밥상으로 인기 있는 메밀소바는 소화에 좋은 메밀에 무,
배 등이 더해져 언제고 먹기 편한 면 요리입니다. 메밀은 모세혈관을
튼튼하게 만드는 항산화 성분이 들어 있어 젊음을 지켜주는 여름 대표
식품으로 통하지요. 게다가 두부보다도 단백질 함유량이 많고, 식물성
단백질에서는 얻기 힘든 아미노산인 라이신까지 풍부해 식물에서 얻을
수 있는 최고급 단백질원이기도 합니다. 여기에 여름날 힘껏 자라나는
쪽파로 담근 파김치를 더하면 단백질부터 탄수화물, 비타민까지
영양적으로 탄탄한 밥상이 차려집니다.

쪽파
큰직한 대파와 달리 송송 썰면
어느 양념과도 잘 어울리는
채소이지요. 그 자체로도 맛나
파전이나 쪽파김치, 파강회 등
요리 주재료로 자주 오릅니다.
마늘이 떨어졌을 때 쪽파 알뿌리를
칼로 으깨 사용해도 좋답니다.

Menu 1 메밀소바

[재료] 메밀면 2줌(160g), 고추냉이가루 1작은술
[장국 고명] 무 100g, 배 1/4개(100g), 오이 1/2개(100g), 실파 1뿌리, 김밥용 김 2장
[장국] 채소국물 2컵, 가루간장·조청 1/2작은술씩

[만드는 법]
① 무와 배를 강판에 갈아서 1:1 비율로 섞어 장국 고명을 만든다.
② 오이는 원형으로 자른 후 곱게 채 썰고 실파는 송송 썬다. 김은 구워서 잘게 부순다.
③ 채소국물은 끓여 식힌 후 가루간장과 조청을 넣고 장국을 만들어 냉장고에 보관한다.
④ 끓는 물에 메밀면을 넣고 파르르 끓어오르면 차가운 물을 1/2컵 넣고 다시 끓이기를 4회 정도 반복한 후 국수를 건져 찬물에 헹군 다음 적당량씩 사리를 지어 물기를 뺀다.
⑤ 물기를 뺀 메밀면 사리 위에 무와 배 갈아놓은 것과 오이 채와 김 가루를 고명으로 얹는다.
⑥ 차게 식힌 장국에 송송 썬 실파를 뿌리고 고추냉이가루를 물에 개어 곁들인다.

TIP **무와 배의 비율은 1:1이 적당**
장국에 무만 갈아놓으면 자칫 너무 매운맛이 강할 수 있어요. 동량의 배를 갈아 무와 섞어 내면 한결 맛이 부드러워 시원하면서도 맛있는 장국이 완성됩니다.

Menu 2 파김치

[재료] 쪽파 1과 1/4단(1kg), 소금 · 물 1/2컵씩

[양념] 배 1개(400g), 가루간장 · 고춧가루 1/2컵씩, 다진 마늘 2큰술

[만드는 법]
① 쪽파를 밑단을 정리해 흐르는 물에 씻어 물기를 뺀다.
② 물기를 뺀 쪽파에 소금과 물을 붓고 20분 정도 절인 후 체에 밭쳐 물기를 뺀다.
③ 배를 갈아 가루간장과 고춧가루, 다진 마늘을 넣고 섞어 양념장을 만든다.
④ 물기를 뺀 쪽파에 양념장을 넣어 버무린다.

TIP 파김치용은 길이가 짧아야 맛나
파김치는 길이가 짧고 줄기가 가는
쪽파로 담가야 더 맛있습니다. 파김치를
담글 때는 양념에 살살 버무려야 풋내가
나지 않아요.

323

menu **2**
배추물김치

menu **1**
통밀콩국수

여름

금요일

통밀콩국수와 배추물김치 밥상

통밀콩국수 + 배추물김치 + 멜론

여름에는 땀을 통해 칼륨, 질소, 젖산 등 몸 안의 여러 성분이 배출되기
쉽지요. 그럴수록 영양소 섭취가 중요해집니다. 특히 충분한 단백질 섭취는
여름철 건강 지키기의 핵심입니다. 무더운 여름날 콩국수가 보양식으로
사랑받는 것도 그런 이유이지요. 콩은 '밭에서 나는 고기'라고 할 만큼
필수아미노산이 풍부한 단백질 식품입니다. 오장을 보해주고 경락의 순환을
도우며 장과 위를 따뜻하게 해주는 효능이 있어 무더운 여름일수록 반드시
챙겨야 할 식품이기도 합니다. 오늘은 통밀콩국수로 여름 건강을 챙겨봅니다.

대두
여느 콩류에 비해 단백질과
지방산 함량이 높은 대두는 자연식
요리에서 주된 단백질 공급원이기도
합니다. 또한 인삼과 더불어
사포닌 함량이 높아 항암 작용에도
효과적이지요. 대두의 섬유질은
껍질에 있으니, 두유를 만들 때도
껍질까지 곱게 갈아 사용하세요.

Menu 1 # 통밀콩국수

··

[재료] 통밀국수 2줌(160g), 오이 1/5개(40g), 주황 파프리카 20g, 소금 1/2작은술, 통깨 약간
[콩물] 삶은 대두 400g, 잣 4작은술, 물 4컵

··

[만드는 법]
① 믹서에 삶은 대두와 잣, 물을 넣고 곱게 갈아 콩 국물을 만들어 냉장고에 넣어
차게 식힌다.
② 끓는 물에 통밀국수를 넣고 파르르 끓어오르면 차가운 물을 1/2컵 넣고 다시
끓이기를 4회 반복한 후 국수를 건져 찬물에 헹군 다음 사리를 지어 물기를 뺀다.
③ 오이는 곱게 채 썬다. 파프리카는 반달 모양으로 작게 썬다.
④ ①의 콩물에 물기 뺀 면을 넣은 후 오이 채와 파프리카를 얹고 통깨를 뿌린다.
식성에 따라 소금을 넣어 간한다.

TIP 콩물과 잣은 영양 궁합 좋아
콩국수에 잣을 갈아 넣으면 필수지방산을
섭취할 수 있어 영양 면에서
우수해집니다. 또한 잣의 고소한 맛이
더해져 더욱 맛나지요.

Menu 2 배추물김치

[재료] 배추 1/3포기(500g), 소금 1/4컵
[찹쌀 풀] 찹쌀가루 1컵, 물 7과 1/2컵
[양념] 홍피망 2/3개(약 70g), 양파 1/4개(50g), 마늘 4쪽

[만드는 법]
① 배추는 깨끗이 씻어 적당한 크기로 자른 후 소금 분량의 반을 뿌려 1시간 동안 절인다.
② 냄비에 분량의 찹쌀가루와 물을 넣어 풀을 쑨 뒤 식힌다.
③ 믹서에 양념 재료인 홍피망과 양파, 마늘을 함께 넣고 곱게 간다.
④ 식힌 찹쌀 풀에 곱게 간 양념을 넣고 섞은 뒤 남은 소금을 넣고 간한다.
⑤ 절인 배추를 건져 체에 밭쳐 물기를 뺀 뒤 ④에 섞는다.

TIP 절인 배추는 그대로 사용
배추를 반나절 미만으로 절였다가 김치를
담글 때는 소금물을 헹구지 않고 바로
건져 체에 밭쳤다가 양념에 버무려주세요.
고춧가루를 넣지 않고 홍피망으로 색만
내어 먹어요.

menu **2**

통밀건빵

menu **1**

채소비빔쟁반국수

여름

토요일

채소비빔쟁반국수와 통밀건빵 밥상

채소비빔쟁반국수 + 통밀건빵 + 배

자연식 요리는 복잡하지 않습니다. 자연 그대로의 재료를 최소한으로
조리해 먹는 것이 기본이지요. 특히 간소한 저녁 식사는 이것저것 손이 많이
가지 않는 메뉴로 준비합니다. 냉장고 속 자투리 채소들을 한데 모아 곱게
채 썰어 양념장을 더한 국수에 비벼내도 훌륭한 저녁 밥상이 되지요.
쟁반국수에 배 한 조각을 올리면 따로 과일을 준비하지 않아도 됩니다.
양념장 때문에 살짝 매운 입안을 달래줄 통밀건빵도 함께 준비했습니다.
통밀가루와 이스트만 있으면 언제고 삼삼하면서도 고소한 통밀건빵을
만들 수 있답니다.

배
수분 함량이 85~88%에 달하는
배는 알칼리성 식품이면서도
주성분은 탄수화물인 과일입니다.
환절기에는 배를 달여 먹었을 정도로
감기, 천식 등 기관지 질환에 특히
효과적이지요. 해독 작용이 있어
배가 차고 아플 때도 도움이 됩니다.

Menu 1 채소비빔쟁반국수

....

[재료] 통밀국수 2줌(160g), 양배추 3~4장(100g), 당근 1/4개(50g), 오이 1/3개(약 70g),
새싹채소 3줌(60g), 치커리 5~6장(30g), 깻잎 10장, 배 약간

[양념] 사과 1/3개(약 70g), 파인애플 70g, 배·참다래·양파 60g씩, 쪽파 2뿌리, 고추장 5큰술,
매실액·고운 고춧가루·가루간장·통깨 1큰술씩, 꿀 1작은술, 고추냉이가루 1/2작은술

....

[만드는 법]

① 양배추와 당근, 오이, 치커리, 깻잎은 깨끗이 씻은 다음 곱게 채 썬다.

② 새싹채소는 깨끗이 씻은 후 찬물에 담근다.

③ 끓는 물에 통밀국수를 넣고 파르르 끓어오르면 차가운 물을 1/2컵 넣고 다시 끓이기를
4회 정도 반복한 후 국수를 건져 찬물에 헹군 다음 사리를 지어 물기를 빼둔다.

④ 사과는 껍질을 벗기고 파인애플과 배, 참다래, 양파와 함께 칼로 곱게 다진다.

⑤ ④에 쪽파를 송송 썰어 넣고 남은 양념 재료를 더해 섞어 양념장을 만든다.

⑥ 넓은 접시에 물기 뺀 면을 담고 그 위에 채소를 돌려가며 얹고 배 한 조각을 더해
양념장을 곁들인다.

TIP **양념 재료는 칼로 다져야 맛나**
비빔국수용 양념을 만들 때는 재료들을
한데 모아 믹서에 갈기보다 칼로 다지면
한결 맛이 살아납니다. 믹서에 채소들을
넣고 갈면 물이 많이 생겨 맛이 덜하지요.

Menu 2 **통밀건빵**

[재료] 통밀가루 100g, 이스트 3g, 유기농 원당 2작은술, 물 1/5컵, 포도씨유 1큰술

[만드는 법]
① 통밀가루를 체에 쳐서 고운 가루를 낸다.
② 볼에 고운 통밀가루와 이스트, 유기농 원당을 넣고 잘 섞는다.
③ ②에 물과 포도씨유를 넣고 반죽해 2배 정도 부풀 때까지 숙성시킨다.
④ 1~2시간 뒤 반죽이 부풀어오르면 밀대로 적당한 두께로 밀고 롤러로 잘라 각각의
건빵에 구멍을 낸다.
⑤180℃ 예열한 오븐에서 15분 정도 굽는다.

TIP 반죽이 2배 부풀 때까지 기다려야
제빵용 반죽을 할 때는 반죽이 충분히
숙성될 수 있도록 시간을 가져야 합니다.
보통 반죽한 지 한두 시간 뒤면 반죽이
2배가량 부풀어오르지요.

menu
상추물김치 **2**

menu
1
짜장면

여름

일요일

짜장면과 상추물김치 밥상

짜장면 + 상추물김치 + 양파 + 키위

가끔은 짜장면같이 자극적인 요리가 당길 때가 있습니다. 하지만 기름기
가득한 짜장면을 저녁 한 끼로 먹기란 부담스럽기 마련이지요. 그럴 땐
자연식 찌장면을 준비해주세요. 채소국물에 짜장가루, 약간의 포도씨유와
전분만 있으면 담백한 짜장 소스 베이스를 집에서도 만들 수 있답니다.
제철을 맞은 애호박, 양배추, 오이 등을 더하면 건강에도 좋은 자연식
짜장면이 완성됩니다. 상추로 담근 물김치와 양파를 썰어 곁들이면 중국집
짜장면이 부럽지 않지요. 밥상이 단조롭게 느껴질 때 한 번쯤 도전하세요.

상추
작은 텃밭에 키우면 여름내 푸른
잎을 맛볼 수 있는 식재료이지요.
자연식에서는 주로 겉절이나
쌈채소로 즐겨 먹습니다. 비타민과
무기질이 풍부해 기력이 쇠한
이들에게도 좋으며, 진통도
덜어주는 효능이 있습니다.

Menu 1 짜장면

[재료] 통밀국수 2줌(160g), 감자 1과 1/3개(200g), 애호박 2/3개(180g), 양파 3/4개(150g),
양배추 3~4장(100g), 당근 1/2개(100g), 표고버섯 4개(100g), 오이 1/5개(40g), 베지버거 30g,
포도씨유 1큰술

[짜장 소스] 짜장가루 100g, 채소국물 3컵, 물 1/4컵, 전분 3큰술, 다진 마늘 1과1/2큰술,
포도씨유 · 가루간장 1큰술씩

[만드는 법]
① 감자, 애호박, 양파, 양배추, 당근, 표고버섯은 0.7cm 크기로 깍둑 썬다.
② 고명으로 올릴 오이는 채 썬다.
③ 포도씨유를 두른 팬에 양파, 당근, 감자 순으로 넣고 볶다가 베지버거, 애호박,
양배추, 표고버섯을 넣어 볶는다.
④ 볶은 채소에 채소국물을 부어 뚜껑을 덮고 재료들이 익을 때까지 끓인다.
⑤ 끓는 물에 통밀국수를 넣고 파르르 끓어오르면 차가운 물을 1/2컵 넣고 다시 끓이기를
4회 정도 반복한 후 국수를 건져 찬물에 헹군 다음 사리를 지어 물기를 빼둔다.
⑥ ④가 끓으면 통깨를 제외한 나머지 짜장 소스 재료를 넣고 살짝 끓으면 불을 끈다.
⑦ 그릇에 면을 담고 짜장 소스를 넣어 오이 고명을 올려낸다.

TIP 채소는 익는 순서에 따라 볶아야
여러 가지 채소가 들어가는 요리를
할 때는 각 채소마다 익는 시간을
고려해야 합니다. 당근이나 감자처럼
딱딱한 뿌리채소부터 익혀야 남은
채소들과의 식감이 어우러진답니다.

Menu 2 상추물김치

[재료] 상추 180g, 배 1/4개(100g), 양파 15g

[김칫국물] 현미찹쌀가루 1/4컵, 물 3컵, 고춧가루 1큰술, 마늘즙 약간

[만드는 법]

① 냄비에 물 2컵을 붓고 현미찹쌀가루를 넣어 잘 저어가며 끓여 한소끔 식힌다.

② 상추는 물로 씻는다. 배는 껍질을 벗기고 얇게 나박 썰고 양파는 얇게 채 썬다.

③ 볼에 남은 물 1컵을 붓고 베보자기에 고춧가루를 담아 흔들어 풀면서 색을
내고 ①과 마늘 즙을 넣는다.

④ 밀폐 용기에 상추와 배, 양파를 고루 담고 김칫국을 부어 차갑게 보관한다.

TIP 베보자기로 고춧가루 물 내기
물김치에 넣을 고춧가루 물을 낼 때는
베보자기를 이용해야 깔끔한 국물을
낼 수 있답니다. 색도 곱고 향도 한결
그윽하지요.

자연식 나박김치 담그기

나박김치는 더운 여름날 즉석에서 만들어 먹기 좋은 김치이지요. 배추와 무를 납작하게 썰어 현미찹쌀 풀을 더한 양념을 넣어 먹는 깔끔한 맛의 물김치랍니다. 배추김치와 깍두기를 한번에 맛볼 수 있지요. 양념에 들어가는 과일은 여름에는 배, 겨울에는 사과처럼 제철에 맞는 과일을 넣습니다. 부담 없이 뚝딱 나박김치를 만들어보세요.

나박김치

[재료] 배추 100g, 무 60g, 배·양파 20g씩, 쪽파 2뿌리, 굵은 소금 2작은술
[찹쌀 풀] 현미찹쌀가루1/2컵, 채소국물 1컵
[양념] 채소국물 2컵, 고춧가루 40g, 배 20g, 매실청 4큰술, 다진 생강 2작은술

[만드는 법]
① 배추는 먹기 좋게끔 1/4쪽으로 갈라 자르고 굵은 소금을 뿌려 절인다.
② 무도 적당한 크기로 썰어 굵은 소금을 뿌려 절인다.
③ 무가 적당히 절여지면 배추 크기에 맞춰 납작하게 나박 썬다. 배는 나박 썰고
양파는 채 썰고, 쪽파는 2cm 길이로 썬다.
④ 냄비에 분량의 채소국물을 붓고 현미찹쌀가루를 풀어 찹쌀 풀을 쑨다.
⑤ 찹쌀 풀이 완성되면 물기를 뺀 ①의 배추에 붓고 준비한 채소를 한데 넣는다.
⑥ 볼에 채소국물 2컵을 붓고 베보자기에 고춧가루를 싸서 흔들어가며 국물을 낸다.
⑦ ⑥의 국물에 배와 매실청, 다진 생강을 더해 믹서에 한 번 갈아 ⑤에 섞는다.

menu **2**

삶은 연근

menu **1**

도토리묵국수

가을

월요일

도토리묵국수와 삶은 연근 밥상

도토리묵국수 + 삶은 연근 + 단감

산에서 내주는 열매를 잘 말려 가루를 내어 만드는 묵은 가을날 자연식
식탁에 중요한 먹을거리가 되어줍니다. 그래서 산속 가을 준비는 항상 묵 쑤는
일부터 시작됩니다. 산 열매를 주워 물에 담가 떫은맛을 없애고 갈아 가라앉은
앙금을 끓여 얻어내는 귀하디귀한 가을 식량이지요. 공들여 끓여낸 묵을 틀에
부어 굳혔다 적당히 썰어 양념장과 곁들이면 입안 가득 가을 향이 번집니다.
그중에서도 도토리의 앙금을 끓여 만든 도토리묵은 입안에 퍼지는 고소함으로
남녀노소 누구나 좋아하지요. 지방 흡수를 막아주는 타닌 성분도 많아 성인병
예방에 좋답니다.

도토리묵
도토리묵 한 모만 있으면 국수는
물론 무침까지 뚝딱 해 먹기 좋지요.
도토리묵은 피로 회복은 물론
몸 안의 유해 물질을 배출시켜줍니다.
숙취 해소에도 탁월합니다. 칼로리는
낮고 포만감은 높아 다이어트
식품으로도 인기가 높습니다.

Menu 1 도토리묵국수

[재료] 도토리묵 1모(400g), 오이 1/2개(100g), 배추김치 60g, 채소국물 2컵,
깨소금 · 아마씨유 · 김밥용 김 약간씩
[양념] 채소국물 2큰술, 실파 1/2뿌리, 깨소금 1작은술, 가루간장 1/2작은술, 아마씨유 1/4작은술

[만드는 법]
① 도토리묵은 길이대로 곱게 채 썬다.
② 오이는 굵은 소금으로 문질러 씻은 후 곱게 채 썰고, 배추김치는 양념을 털어내고
송송 썰어 깨소금, 아마씨유를 넣어 무친다. 김밥용 김은 구워 잘게 부순다.
③ 실파를 송송 썰어 채소국물과 깨소금, 가루간장, 아마씨유를 넣어 양념장을 만든다.
④ 그릇에 채소국물 2컵을 붓고 채 썬 도토리묵을 넣은 다음 무친 ②의 오이 채, 김치,
김 가루를 얹어 양념을 올린다.

TIP 묵이 너무 딱딱하면 한 번 데쳐
묵이 너무 차갑거나 딱딱할 경우에는
끓는 물에 데쳐서 사용해도 됩니다.
이때 묵이 너무 퍼지지 않도록 살짝
데쳐야 합니다.

Menu 2 **삶은 연근**

[재료] 연근 120g, 물 3과 1/2컵

[만드는 법]
① 연근은 물에 씻어 양쪽 꼬투리를 자른 뒤 필러로 껍질을 벗긴다.
② 냄비에 분량의 물을 붓고 연근을 넣어 10분 정도 삶는다.
③ 연근이 삶아지면 냄비 뚜껑을 열어 한숨 식힌다.
④ 삶은 연근은 먹기 좋은 크기로 썰어 상에 올린다.

TIP **식초 넣고 삶아 떫은맛 제거**
통연근을 쪄내면 담백하고 아삭아삭한
맛이 일품이지요. 연근의 떫은맛이 싫다면
삶을 때 물에 식초를 조금 넣어주세요.
그러면 연근의 떫은맛이 사라집니다.

menu

배추토마토겉절이 2

menu

1

모둠버섯들깨국수

가을

화요일

모둠버섯들깨국수와 배추토마토겉절이 밥상

모둠버섯들깨국수 + 배추토마토겉절이 + 감

갖가지 버섯이 풍성한 계절입니다. 비타민이 풍부한 버섯들과 오메가-3 지방산이
풍부한 들깨를 함께 요리하면 가을 보양식으로 제격이지요. 특히 들깨는 그대로
볶아 요리에 넣거나 기름을 짜 양념으로 사용하기 좋은데, 따끈하고 든든한
식감이 입에서부터 진하게 몸을 덥혀오지요. 혈중 콜레스테롤 저하는 물론
항암 효과, 당뇨병 예방, 알레르기 질환 예방 등 가히 팔방미인다운 들깨의
효능 또한 놀랍습니다. 가을 배추를 고춧가루 대신 토마토 양념으로 무친
배추토마토겉절이와 함께 건강식 저녁상을 차려봅니다.

들깨
들깨에는 뇌를 맑게 해주는 오메가-
3 지방산이 풍부합니다. 기름을 짜서
사용하는 것이 일반적이지만,
즐겨 쓴다면 들깨를 볶아 가루를 내서
국, 탕, 무침, 볶음, 샐러드, 두유에
조금씩 넣어 먹는 것도 좋아요.

Menu 1 모둠버섯들깨국수

[재료] 통밀국수 2줌(160g), 표고버섯 5~6개(140g), 새송이버섯 2개(50g), 양송이버섯 2개(40g), 애느타리버섯 1/2줌(25g), 부추 1/2줌(25g)

[국물] 채소국물 4컵, 현미찹쌀가루 10큰술, 생들깨 4큰술, 소금 2작은술

[만드는 법]
① 각각의 버섯은 다듬어 먹기 좋은 크기로 썰거나 찢는다. 부추는 4~5cm 길이로 썬다.
② 생들깨는 믹서에 곱게 갈아 준비한다.
③ 끓는 물에 통밀국수를 넣고 파르르 끓어오르면 차가운 물을 1/2컵 넣고 다시 끓이기를 4회 반복한 후 국수를 건져 찬물에 헹군 다음 사리를 지어 물기를 뺀다.
④ 냄비에 채소국물을 붓고 ①의 버섯들을 넣고 끓이다가 한소끔 끓으면 현미찹쌀가루와 간 들깨, 소금을 넣고 다시 한 번 끓으면 불을 끈다.
⑤ 그릇에 물기를 빼 둔 국수를 담고 들깨 국물을 붓는다.

TIP 채소국물에 버섯부터 끓이기
버섯들깨국수를 만들 때는 현미찹쌀가루로 국물의 농도를 맞추기 전에 재료를 익혀놓아야 합니다. 찹쌀가루를 넣은 뒤에는 한 번 끓으면 바로 불에서 내려야 농도가 잘 맞아요.

Menu 2 배추토마토겉절이

[재료] 배추 100g

[양념] 토마토 2/3개(약 140g), 레몬즙 · 꿀 1큰술씩, 가루간장 1작은술

[만드는 법]

① 배추는 씻은 후 손으로 먹기 좋은 크기로 찢는다.

② 토마토는 깨끗이 씻어 꼭지를 떼고 강판에 곱게 간다.

③ 곱게 간 토마토에 레몬즙, 꿀, 가루간장을 섞어 양념을 만든다.

④ 볼에 손으로 찢은 배추를 담고 양념장을 부어 고루 버무린다.

TIP 겉절이용 배추는 알배추가 적당

만들어 바로 먹는 겉절이에는 연한 잎이 많은 알배추가 적당합니다. 고춧가루 대신 토마토나 홍시를 갈아 넣고 버무리면 상큼한 맛을 즐길 수 있습니다.

menu **2**

사과나박김치

menu **1**

단호박팥죽

가을

수요일

단호박팥죽과 사과나박김치 밥상

단호박팥죽 + 사과나박김치 + 청포도

가을 초입에 얻는 단호박과 사과는 자연이 내어주는 큰 선물이지요. 두 식품
모두 섬유질, 각종 비타민과 미네랄이 듬뿍 들어 있어 가히 '천연 가을 보약'이라
할 수 있습니다. 단호박은 달콤하면서도 끝 맛이 깔끔해 조리를 많이
하지 않아도 맛있는 채소이지요. 단호박에 팥을 넣어 푹 끓이면 늦가을부터
생각나는 단호박팥죽을 맛볼 수 있답니다. 제철을 맞은 사과도 샐러드부터
나박김치, 탕수, 조림 양념 등 여기저기서 쓰임새가 많습니다. 달콤해지는 요리
속에 가을이 깊어갑니다.

사과
가을은 사과의 계절입니다.
늦여름에 찾아오는 초록빛의 풋풋한
아오리부터 상큼한 과즙 가득한
홍옥, 꽉 차오른 부사까지 가을 내내
사과 천지이지요. 사과에는 혈압의
균형을 돕는 칼륨 함량이 풍부해
대장암을 예방하고 혈중 콜레스테롤
감소에도 효과적입니다.

Menu 1 단호박팥죽

....

[재료] 단호박 1/2개(300g), 팥 40g, 물 3컵, 찹쌀 1/2컵, 꿀 1큰술,
캐슈너트가루 · 호두가루 1작은술씩, 소금 1/4작은술

[만드는 법]
① 단호박은 껍질과 씨를 제거하고 대충 썰어서 분량의 물을 붓고 푹 삶는다.
② 팥은 깨끗이 일어 잠길 만큼의 물을 부어 삶는다.
③ 단호박이 다 삶아지면 주걱으로 으깨거나 국물째 믹서에 붓고 간다.
④ ③를 끓이다가 한소끔 끓으면 찹쌀을 뿌리듯 넣고 저어가며 끓인다.
⑤ 찹쌀이 익으면 삶은 팥을 넣고 꿀과 소금으로 간한다.
⑥ 캐슈너트가루와 호두가루를 먹기 직전에 뿌린다.

TIP 콩을 넣어도 영양 만점
단호박팥죽에 콩을 넣으면 맛이
좋아질 뿐 아니라 단백질까지
보충해주어 일석이조입니다. 강낭콩,
검은콩, 팥 등을 넣어도 맛있어요.

Menu 2 사과나박김치

[재료] 배추 50g, 사과 1과 1/4개(250g), 물 1컵, 소금 1작은술

[만드는 법]
① 배추는 밑동을 자르고 흐르는 물에 깨끗이 씻어 2cm 정도로 썬다.
② 배추에 소금을 뿌려 약 10분 정도 절인다.
④ 사과를 배추 잎과 같은 크기로 얇게 썬다.
⑤ 절인 배추와 사과를 넣고 물을 붓는다.

TIP 사과의 양을 3배 많이 넣어야
자연식 나박김치에서 사과의 양은
배추의 3배에 달하지요. 김치라기보다는
과일채소화채에 가까운 맛이지요.
나박김치는 싱싱할 때 바로 먹는 게
제일 맛있습니다.

menu **1**
캐슈너트감자옹심이

menu **2**
깍두기

가을

목요일

캐슈너트감자옹심이와 깍두기 밥상

캐슈너트감자옹심이 + 깍두기 + 캐슈너트 + 참다래

한여름에 햇감자인 '하지 감자'가 나오면 초가을부터 감자 풍년이 시작됩니다.
어디서나 저렴하게 구입할 수 있는 감자는 탄수화물, 단백질, 비타민, 무기질
등 가을의 영양소를 고스란히 전해줄뿐더러 혈액을 맑게 하고 기운을 좋게
해 소화기관까지 건강하게 해주는 채소입니다. 열을 가해도 영양이 파괴되지
않으므로 찌거나 볶거나 굽는 어떤 조리도 좋으니 고마울 뿐입니다.
오늘은 감자로 옹심이를 빚어봅니다. 저녁 밥상이 가을 햇볕처럼
풍요롭기 그지없습니다.

캐슈너트
캐슈너트는 자연식을 비롯한 채식
요리에 질 좋은 지방을 공급하지요.
우유나 버터 등의 대용으로 쓰여 음식에
부드러운 맛을 내줍니다. 자연식에서는
천연 조미료로 가치가 높은데, 국 끓일
때 채소국물을 조금 넣고 곱게 간
캐슈너트를 넣으면 고소한 맛을 내지요.

Menu 1 캐슈너트감자옹심이

[재료] 감자 2개(300g), 채소국물 4컵, 캐슈너트 2큰술, 소금 1/2작은술

[만드는 법]
① 감자는 깨끗이 씻어 껍질을 벗긴 뒤 강판에 간다.
② 간 감자에 물을 붓고 냉장고에 잠시 넣는다.
③ ②의 윗물만 따라내고 건더기와 가라앉은 전분을 섞어 둥글게 옹심이를 빚어
준비한다.
④ 캐슈너트는 분쇄기에 곱게 간다.
⑤ 냄비에 채소국물을 넣고 팔팔 끓으면 감자 옹심이를 넣어 파르르 끓인다.
⑥ ⑤에 곱게 간 캐슈너트와 소금을 넣고 한소끔 더 끓인다.

TIP 옹심이는 질퍽해도 그대로 빚어야
강판에 간 감자는 베보자기에 짜면
딱딱해집니다. 반죽할 때 손에 물이
질퍽하더라도 그대로 옹심이를 만들어
익혀야 부드러워서 먹기 좋아요.

Menu 2 깍두기

....

[재료] 무 1개(1kg), 소금 5큰술
[찹쌀 풀] 현미찹쌀가루 20g, 물 3/4컵
[양념] 배 40g, 실파 4뿌리, 고춧가루 5큰술, 다진 마늘·가루간장 1큰술씩, 소금 1작은술

....

[만드는 법]
① 무는 마른 잔털을 제거하고 무청을 떼어낸 뒤 2cm 굵기의 원통으로 잘라서 깍두기 모양으로 썬다.
② 깍둑 썬 무에 소금을 고루 뿌려서 30분간 절인다.
③ 냄비에 현미찹쌀가루와 분량의 물을 넣고 저어가며 죽을 끓인다.
④ 배는 껍질을 벗기고 씨를 제거해 믹서에 곱게 갈고, 실파는 3~4cm 길이로 썬다.
⑤ 찹쌀 풀이 완성되면 가루간장, 소금, 다진 마늘, 고춧가루, 간 배 순으로 넣고 섞어 양념장을 만든다.
⑥ 절인 무에 완성한 양념장을 넣고 치대듯이 버무린다. 실파를 넣어 마무리한다.

TIP 무는 깍둑 썰어 소금에 절이기
깍두기를 만들 때는 무를 깍두기 모양으로 썬 뒤에 소금을 뿌려야 시간을 단축할 수 있어요. 30분간 절여 그대로 깍두기를 담그면 간이 적당합니다.

353

menu **2**
깻잎겉절이

menu **1**
통밀수제비

가을

금요일

통밀수제비와 깻잎겉절이 밥상

통밀수제비 + 깻잎겉절이 + 단감

듬성듬성 제철 채소를 썰어 넣고 밀가루 반죽을 두툼하게 뜯어 넣은
수제비는 단연 추억의 음식입니다. 따끈하고 달큰한 맛에 추억의 향이
더해지니 그 맛이 더 좋습니다. 재료라고는 감자와 부추, 채소국물,
통밀가루가 대부분이니 특별할 것이 없어 자연식으로 즐기기에도 더없이
좋지요. 통밀가루로 빚은 수제비의 거친 식감이 부드러운 감자와 만나
그 맛도 특별합니다. 심심한 수제비에 자연의 향 가득한 깻잎을 레몬즙으로
버무린 깻잎겉절이를 곁들이니 진수성찬이 부럽지 않습니다.

단감
가을이 제철인 단감은 항암 효과가
뛰어난 과일이지요. 비타민 A, B뿐만
아니라 비타민 C 함유량도 높아 감기
예방에도 훌륭합니다. 단감은 온도에
민감해 과육이 쉽게 물러지므로 밀봉해
서늘한 곳에서 저온 보관해야 해요.

Menu 1 통밀수제비

[재료] 감자 1개(150g), 부추 1/2줌(25g), 채소국물 3컵, 다진 마늘 약간
[반죽] 통밀가루 1컵, 물 5큰술, 소금 1/4작은술, 올리브유 약간

[만드는 법]
① 통밀가루에 물, 소금, 올리브유를 넣고 반죽한 다음 비닐봉지에 담아 30분간
냉장실에서 숙성시킨다.
② 감자는 껍질을 벗기고 반달 모양으로 썰고, 부추는 2~3cm 길이로 짧게 썬다.
③ 냄비에 채소국물을 담고 반달모양으로 썬 감자, 다진 마늘을 넣어 끓이다가
감자가 어느 정도 익으면 손으로 수제비 반죽을 얇게 뜯어 넣는다.
④ 수제비 반죽이 다 익으면 불을 끄고 부추를 고명으로 담는다.

TIP 감자와 다진 마늘부터 익히기
통밀수제비 국물은 채소국물에 감자와
다진 마늘을 끓여내 맛을 냅니다.
미리 감자와 다진 마늘을 넣어 익힌 뒤
수제비를 떠 넣어야 국물 맛이 배어요.
기호에 따라 소금간을 해도 좋아요.

Menu 2 깻잎겉절이

[재료] 깻잎 20장, 홍피망 · 노랑 파프리카 · 양파 30g씩

[양념] 레몬즙 · 꿀 2큰술씩, 가루간장 2작은술

[만드는 법]
① 깻잎은 너무 크지 않은 것으로 골라 꼭지를 반만 잘라낸 뒤, 물에 씻어 물기를 뺀다.
② 홍피망과 노랑 파프리카, 양파는 가늘게 채 썬다.
③ 볼에 레몬즙, 꿀, 가루간장을 넣고 섞어 양념장을 만든다.
④ 그릇에 깻잎 2장을 놓고 채 썬 채소를 조금 올린 뒤 양념장을 끼얹는다. 그 위에 다시 깻잎, 채소, 양념장 순으로 차곡차곡 쌓는다.

TIP 깻잎은 썰지 않고 통째로 사용
깻잎은 채 썰었을 때 비타민 C 함량이 통깻잎에 비해 약 40% 손실된다고 합니다. 영양을 그대로 섭취하려면 가급적 썰지 말고 생으로 먹는 것이 좋아요.

menu **2**
비트김치

menu **1**
양송이브로콜리덮밥

가을

토요일

양송이브로콜리덮밥과 비트김치 밥상

양송이브로콜리덮밥 + 비트김치 + 배

거의 한 가지 음식으로 구성되는 저녁 밥상은 자칫 소홀하게 여기기 쉽지요.
주말을 이용해 든든한 메뉴로 밥상을 차려봅니다. 양송이버섯, 브로콜리,
양파 등의 건강 채소와 단백질 공급원인 베지미트를 간장 양념에 볶아
현미밥과 함께 내는 양송이브로콜리덮밥을 준비합니다. 덮밥과 함께 선홍빛
비트로 담근 김치도 자연식 요리의 별미 김치이지요. 비트를 깍둑 썰어
고춧가루에 무쳐내면 색다른 식감과 맛이 몸과 마음을 깨웁니다. 영양도
맛도 충분한 자연식 저녁 한 상이 차려집니다.

비트
비트는 자연식 요리에서 요모조모
쓸모가 많은 채소입니다. 색이 고와
잼을 만들어 먹기도 하고, 밀고기를
만들 때는 붉은색을 내주는 색소
역할도 하지요. 식감이 단단해 조리고
끓여도 쉽게 뭉개지지 않는 것도
비트의 특징입니다. 리보플라빈, 철,
비타민 A, C가 풍부합니다.

Menu 1 양송이브로콜리덮밥

[재료] 현미밥 2공기, 브로콜리 1/3개(약 70g), 양파 1/3개(약 70g), 양송이버섯 5개(100g), 베지미트 50g, 채소국물 2컵, 전분 · 물 2큰술씩, 다진 마늘 1/2큰술, 가루간장 · 포도씨유 · 통깨 1작은술씩, 아마씨유 1/4작은술

[만드는 법]
① 브로콜리는 먹기 좋은 크기로 떼어 데친다.
② 양파는 적당한 크기로 썰고, 양송이버섯도 양파에 맞춰 같은 크기로 썬다.
③ 포도씨유를 두른 팬에 다진 마늘을 넣어 볶다가 양송이버섯과 베지미트를 넣어 볶는다.
④ ③에 채소국물을 붓고 가루간장으로 간을 한 후 한소끔 끓이다가 양파를 넣는다.
⑤ 양파가 어느 정도 익으면 전분을 동량의 물에 풀어 넣고 잘 어우러지게 뒤적인 다음 브로콜리를 넣고 다시 한 번 뒤적여 불을 끈다.
⑥ 아마씨유와 통깨를 넣어 마무리한 뒤 현미밥 위에 끼얹는다.

TIP 버섯과 베지미트를 한데 볶기
버섯과 베지미트는 식감이나 맛이 비슷합니다. 한데 볶아내면 맛이 서로 어우러져 더욱 맛나지요. 베지미트가 없다면 생략해도 무방합니다.

Menu 2 비트김치

[재료] 비트 1개(160g), 부추 10g, 채소국물 · 고춧가루 1큰술씩, 가루간장 · 조청 · 통깨 1작은술씩

[만드는 법]

① 비트는 껍질을 벗겨 깍두기 모양으로 썬다.

② 부추는 깨끗이 씻어 물기를 뺀 뒤 송송 썬다.

③ 채소국물에 고춧가루, 가루간장, 부추, 조청, 통깨를 넣고 섞어 양념장을 만든다.

④ ③에 깍둑 썬 비트를 넣어 버무린다.

TIP 비트는 두꺼운 껍질을 벗겨야
비트김치는 즉석에서 먹는 김치입니다.
두꺼운 껍질은 필러나 칼로 벗긴 뒤
깍둑 썰어 양념에 버무려야 간이 적당히
배어 맛있답니다. 비트 대신 배나 야콘,
양배추로 김치를 담가도 좋습니다.

menu **2**
파프리카피클

menu **1**
통밀스파게티

가을

일요일

통밀스파게티와 파프리카피클 밥상

통밀스파게티 + 파프리카피클 + 사과

일요일에는 자연식으로 별미 스파게티를 즐겨봅니다. 색과 모양만 흉내 내
맛이 없을 거라 생각한다면 오산이지요. 갖가지 재료들이 어우러져 굳이
고기가 들어가지 않아도 깊고 풍부한 맛이 납니다. 오히려 파인애플, 파프리카,
브로콜리, 당근처럼 스파게티에 흔히 쓰이지 않는 채소들이 내는 맛이
특별하답니다. 스파게티와 함께 먹는 곁들임 메뉴는 아삭한 파프리카로 담근
피클입니다. 컬러감은 물론 맛까지 새콤해 눈과 입이 모두 즐거운 시간이지요.
허브 잎 한 장을 피클에 넣으면 가을 정취가 밥상 위로 가득 차오릅니다.

베지버거 · 베지미트
대두와 밀에서 추출한 단백질에 채소
양념을 더해 만든 식물성 단백질
식품입니다. 자연식 요리에서는 고기
대용으로 사용하지요. 베지버거와
베지미트는 성분은 같지만 모양이
다릅니다. 베지버거가 다진 고기라면
베지미트는 덩어리 고기라 할 수 있습니다.

Menu 1 **통밀스파게티**

[재료] 스파게티 면 2줌(140g)

[스파게티 소스] 토마토 2개(400g), 양파 1개(200g), 파인애플 100g,
노랑 파프리카 1/2개(100g), 양송이버섯 3개(60g), 당근 1/4개(50g), 브로콜리 · 베지버거 25g씩,
월계수 잎 2장, 토마토페이스트 · 전분 · 물 3큰술씩, 가루간장 2큰술, 꿀 1큰술, 다진 마늘 약간

[만드는 법]

① 토마토는 십자로 칼집을 넣어 끓는 물에 데친 뒤 껍질을 벗겨 살짝 씹힐 정도로 간다.

② 파인애플과 양파, 파프리카, 양송이버섯, 당근은 잘게 다진다. 브로콜리도 끓는 물에
데쳐 잘게 다진다.

③ 토마토 간 것에 베지버거, 다진 파인애플, 양파, 당근을 넣어 끓이다가
토마토페이스트와 다진 마늘, 월계수 잎을 더해 끓인다. 가루간장과 꿀로 간을 한다.

④ ③에 잘게 다진 양송이버섯, 파프리카를 넣고 살짝 끓이다가 1:1 비율로 물에 갠
전분을 넣어 걸쭉해질 때까지 끓인 다음 다진 브로콜리를 넣어 한소끔 끓여 스파게티
소스를 완성한다.

⑤ 끓는 물에 올리브오일과 소금을 넣고 스파게티 면을 넣어 9~10분간 끓인다.

⑥ 물기를 뺀 스파게티 면을 접시에 담고 소스를 붓는다.

TIP 토마토는 데쳐 껍질을 벗겨 갈기
토마토와 토마토페이스트로 맛을 내는
스파게티입니다. 토마토는 살짝 데쳐
껍질을 벗긴 뒤 믹서에 갈아 사용해야
부드러운 소스가 되어요.

Menu 2 파프리카피클

[재료] 빨강 · 노랑 파프리카 1/4개(50g)씩, 허브 잎 약간

[소스] 레몬즙 8큰술, 꿀 4작은술, 소금 1/2작은술

[만드는 법]
① 파프리카는 먹기 좋은 크기로 썬다.
② 볼에 레몬즙과 꿀, 소금을 한데 섞어 피클 소스를 만든다.
③ 파프리카에 준비한 피클 소스를 넣어 버무린다.
④ 그릇에 옮길 때 파프리카 피클 위에 허브 잎을 올린다.

TIP 레몬즙에 꿀을 더해 소스 완성

자연식 피클 소스는 레몬즙과 꿀이
기본입니다. 자연식 피클은 오래 저장하지
않고 만들어서 바로 먹기 때문에 신맛은
레몬즙으로만 내지요. 같은 소스에
양파나 오이 등을 넣어 피클을 만들어도
좋아요.

자연식 열무김치 담그기

여름부터 초겨울까지 담가 먹는 김치입니다. '어린 무'라는 의미의 열무는 더운 '열熱', 없을 '무無'를 써서 더위를 없앤다는 의미로도 쓰이지요. 잎이 연한 열무는 즉석에서 겉절이처럼 김치를 담가 먹으면 맛이 좋은데, 특히 열무에는 산삼과 인삼에 있는 사포닌 성분이 함유되어 있어 건강 김치로도 더없이 훌륭합니다.

열무김치

[재료] 열무 1단, 굵은 소금 100g, 무·양파 40g씩, 쪽파 2뿌리
[양념] 홍고추 3개, 고춧가루 3큰술, 매실청 2와 2/3큰술, 다진 마늘 2큰술, 가루간장 1/2큰술,
올리브유 또는 참기름·깨소금 약간씩

[만드는 법]
① 열무는 뿌리 부분을 제거하고 먹기 좋은 크기로 썬다.
② 손질한 열무에 굵은 소금을 뿌려 40분 정도 절였다가 체에 밭쳐 물기를 뺀다.
③ 무와 양파는 채 썰고, 쪽파는 양파 길이에 맞춰 썬다.
④ 믹서에 홍고추를 넣어 갈고, 올리브오일과 깨소금을 제외한 남은 양념 재료와 함께
섞어 양념장을 만든다.
⑤ 곱게 간 양념에 채 썬 무와 양파, 쪽파를 넣어 고루 섞는다.
⑥ ⑤에 절인 열무를 넣어 섞은 뒤 올리브유와 깨소금을 넣어 버무린다.

menu **2**
봄동겉절이

menu **1**
매생이떡국

겨울

월요일

매생이떡국과 봄동겉절이 밥상

매생이떡국 + 봄동겉절이 + 귤

찬바람이 부는 겨울 저녁이면 몸을 녹여줄 뜨끈한 국물이 간절해지지요.
제철 맞은 매생이를 넣어 끓인 떡국을 준비해보면 어떨까요. 간단히 끓여낸
매생이떡국에서 겨울 바다내음이 밀려옵니다. 매생이는 겨울철 물살이
세지 않은 청정 지역에서 나는 식재료로 주로 남해안에서 수확하지요.
미역과는 사뭇 다른 식감과 향이 겨울의 또 다른 특별식입니다.
기분까지 상쾌한 매생이떡국에 늦겨울부터 시장에 나오는 봄동으로
무친 겉절이를 곁들였습니다.

매생이
매생이는 청정 지역에서만 자라나는
무공해 식품입니다. 단백질과 칼슘,
철분 등 영양 균형도 좋습니다. 여느
해조류와 달리 건조시키지 않고 있는
그대로 국으로 끓여내거나 전 등으로
부쳐 먹어도 맛있습니다. 제철에 구해
2인분씩 냉동실에 넣어 보관해두면
1년 내내 맛있게 먹을 수 있어요.

Menu 1 매생이떡국

[재료] 떡국 떡 220g, 매생이 50g, 대파 1대, 채소국물 2와 1/2컵, 다진 마늘 1작은술,
가루간장 1/2작은술

[만드는 법]
① 떡국 떡은 물에 담가 불려놓는다.
② 매생이는 흐르는 물에 씻어 구멍이 좁은 체로 건진다.
③ 대파는 손질해 어슷 썬다.
④ 냄비에 채소국물을 부어 끓이다가 매생이와 떡국 떡을 넣고 끓인다.
⑤ 한소끔 끓어오르면 다진 마늘을 넣고 가루간장으로 간한다.

TIP 매생이는 고운체에 담아 헹궈야
매생이는 얇고 미끄러워 헹구다가 모두
흘려버리기 일쑤이지요. 고운체에 담아
서너 번 헹구는 것이 좋아요. 국을 끓일
때는 부르르 끓으면 불을 꺼야 고유의
향이 날아가지 않습니다.

Menu 2 봄동겉절이

[재료] 봄동 50g, 양파 20g, 실파 1뿌리
[양념] 고춧가루 1큰술, 매실액 1/2큰술, 가루간장 1/4큰술, 다진 마늘 · 통깨 1작은술씩,
레몬즙 · 깨소금 약간씩

[만드는 법]
① 봄동은 먹기 좋은 크기로 손으로 뜯는다.
② 양파는 채 썰고 실파는 5cm 길이로 자른다.
③ 볼에 고춧가루와 매실액, 가루간장과 다진 마늘, 통깨, 레몬즙을 넣어 섞어
양념장을 만든다.
④ 준비한 봄동과 양파, 실파를 양념장에 가볍게 버무린다.
⑤ 그릇에 덜어 깨소금을 솔솔 뿌려낸다.

TIP 단맛은 매실청, 신맛은 레몬즙
자연식 요리에서는 양념도 자연 그대로를
가져와 사용합니다. 단맛은 매실청과 꿀,
조청, 유기농 원당으로, 신맛은 레몬즙과
포도청, 아로니아청을 즐겨 쓰지요.

371

menu **2**
가지김치

menu **1**
김치만둣국

겨울

화요일

김치만둣국과 가지김치 밥상

김치만둣국 + 가지김치 + 한라봉

겨울철 저녁 밥상에 빠지지 않는 요리가 만둣국입니다. 여러 속 재료가
들어간 만둣국은 한 가지만 먹어도 뱃속이 든든해 추운 겨울날 먹기 좋은
메뉴이지요. 만두소는 입맛에 따라 달리 넣어도 좋은데, 다만 간단한
저녁 식사가 되도록 채소 중심의 속 재료가 적당하겠지요. 겨우내 담가둔
칼칼한 김치를 넣어 먹으면 부담감 없이 먹기 좋답니다. 온 가족이 함께
즐길 요량이라면 너무 맵지 않도록 두부의 양을 늘리는 것도 방법입니다.
저녁 식사이니 국물이 짜지 않도록 좀 더 신경 써주세요.

가지
항암 효과에 좋은 안토시아닌
색소의 보라색 가지는 수분 함량도
94%에 달해 언제나 부담 없이
즐기기 좋은 채소입니다. 볶음, 조림,
구이 등 다양한 조리법이 가능하며,
즉석에서 김치를 만들어 별미처럼
즐길 수도 있지요.

Menu 1 김치만둣국

[만두피] 통밀가루 200g, 물 4큰술, 소금 · 올리브유 1/4작은술씩

[소] 배추김치 250g, 두부 1/2모(150g), 대파 2대, 가루간장 · 깨소금 1작은술씩,
아마씨유 1/4작은술

[국물] 채소국물 3과 1/2컵, 가루간장 1작은술, 다진 마늘 · 김 가루 약간씩

[만드는 법]
① 볼에 만두피 재료를 넣고 여러 번 치대어 반죽을 만든 다음 비닐봉지에 담아 상온에서
1시간 정도 숙성시킨다.
② 배추김치는 속을 털고 물기를 꼭 짜서 송송 썰고, 두부는 베보자기에 싸서 물기를
짠다. 대파는 약간만 어슷 썰고 나머지는 다진다.
③ 볼에 송송 썬 배추김치 물기 짠 두부, 다진 대파, 가루간장, 깨소금, 아마씨유를
넣고 손으로 조물조물 섞어 만두소를 만든다.
④ ①의 반죽을 조금 떼어 동그랗게 만 뒤 밀대로 돌려가며 밀어 만두피를 만든다.
⑤ 만두피에 ③의 만두소를 한 숟가락씩 떠 넣고 만두 모양으로 빚는다.
⑥ 냄비에 채소국물을 붓고 불을 올려 끓으면 만두를 넣고 한소끔 더 끓인 다음
어슷 썬 대파, 다진 마늘, 가루간장으로 간하고, 김 가루를 얹어낸다.

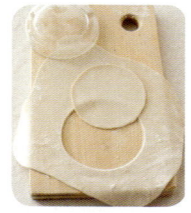

TIP 만두피 반죽은 하루 숙성해도 좋아
좀 더 쫄깃한 만두피를 원한다면 반죽 후
냉장고에서 하루 숙성한 뒤 사용하세요.
섬유소 밀기울이 들어 있는 통밀가루로
반죽할 때는 밀가루보다 물을 약간
더 넣어요.

Menu 2 가지김치

[재료] 가지 1개(140g), 당근 · 양파 30g씩, 부추 1/2줌(25g), 굵은 소금 2큰술, 물 1컵
[양념] 배 1/4개(100g), 고춧가루 · 가루간장 2큰술씩, 다진 마늘 1/2큰술

[만드는 법]

① 가지는 어슷하게 칼집을 낸 뒤 분량의 굵은 소금과 물을 섞어 만든 소금물을 뿌려
1시간가량 절인다.
② 당근과 양파는 채 썰고, 부추도 그 길이에 맞춰 썬다.
③ 볼에 양념 재료를 넣고 섞어 양념장을 만들어 준비한 채소를 한데 버무린다.
④ 절인 가지를 건져내 물기를 빼고 ③의 양념장을 칼집 속에 넣는다.

TIP 소금으로 가지의 아린 맛 제거
가지를 소금물에 담가두면 생가지의
아린 맛을 없앨 수 있어요. 생가지가
부담스럽다면 끓는 물에 소금을 약간
넣고 1분 정도 가지를 데쳐내 사용하세요.

menu **2**

무말랭이장아찌

menu **1**

두부양파덮밥

겨울

수요일

두부양파덮밥과 무말랭이장아찌 밥상

두부양파덮밥 + 무말랭이장아찌 + 방울토마토

추운 겨울에는 몸의 온도를 유지하기 위해 여름에 비해 기초대사량이
10% 증가합니다. 그만큼 몸이 필요로 하는 열량도 높아지지요.
겨울철 자연식 저녁 밥상은 심플하되, 영양적인 면을 면밀히 고려해야
합니다. 말랑한 두부와 부드러운 양파를 주재료로 한 두부양파덮밥은
목 넘김이 부드러우면서 단백질과 탄수화물, 비타민을 두루두루 챙길 수
있는 메뉴입니다. 촉촉한 양파에서 단맛이 나와 감칠맛을 더하지요.
무말랭이를 고추장으로 버무린 장아찌와 함께 먹으면 몸에 따뜻한
온기가 맴돕니다.

무말랭이
겨울 무를 말린 무말랭이는 마땅한
반찬이 없는 겨울에 뚝딱 무쳐
상에 올리기 좋지요. 풍부한 칼슘을
함유하고 있어 골다공증 예방은
물론 폐경기 여성에게도 훌륭한
먹을거리입니다. 겨울 햇무로 말려
냉장 보관해두고 사용하세요.

Menu 1 두부양파덮밥

[재료] 현미밥 2공기, 두부 1/3모(100g), 양파 1/4개(50g), 양송이버섯 2개(40g), 쪽파 적당량, 채소국물 2컵, 현미찹쌀가루 4큰술, 가루간장 1큰술, 다진 마늘·굵은 소금 약간씩

[만드는 법]
① 두부와 양파는 사방 1.5cm 크기로 썬다. 깍둑 썬 두부는 물기를 뺀다.
② 양송이버섯은 슬라이스하고 쪽파는 송송 썬다.
③ 달군 팬에 채소국물 1컵을 붓고 다진 마늘과 양파, 양송이버섯을 순서대로 넣어 볶다가 양파가 투명해지면 두부를 넣고 나머지 채소국물을 붓는다.
④ 한소끔 끓으면 현미찹쌀가루를 넣어 농도를 내고 가루간장과 굵은 소금으로 간을 맞춘다.
⑤ 현미밥 위에 ④을 붓고 송송 썬 쪽파를 얹는다.

TIP 두부는 키친타월에 올려 물기 제거
수분 함유량이 높은 두부는 물기를 제대로 제거하고 요리해야 질퍽거리지 않고 모양도 잘 삽니다. 체반에 밭치거나 키친타월 위에 올려 물기를 없애세요.

Menu 2 무말랭이장아찌

[재료] 무말랭이 20g
[양념] 고추장 2큰술, 조청 1큰술, 통깨 · 현미찹쌀가루 1작은술씩, 가루간장 1/2작은술,
아마씨유 1/4작은술

[만드는 법]
① 무말랭이는 적당한 물을 부어 불린다.
② 무말랭이가 충분히 불면 건져내 물기를 꼭 짠다.
③ 냄비에 고추장과 조청, 현미찹쌀가루, 가루간장을 넣고 약한 불에서 현미찹쌀가루가
익을 때까지 조려 양념장을 만든다.
④ 양념장을 식혀 무말랭이에 넣고 통깨, 아마씨유와 함께 무친다.

TIP 무말랭이 물기는 손으로 꼭 짜야
무말랭이는 뜨거운 물에 담가두면 빠른
시간 내에 불릴 수 있습니다. 무말랭이가
충분히 불려지만 체반과 손을 이용해
남은 물기를 꼭 짜야 합니다. 물기가
남으면 나중에 맛이 없어져요.

menu **2**
새송이버섯장아찌

menu **1**
콩나물김치국밥

겨울

목요일

콩나물김치국밥과 새송이버섯장아찌 밥상

콩나물김치국밥 + 새송이버섯장아찌 + 석류

저녁에는 소화가 잘 되는 메뉴가 몸에도 이롭지요. 해가 일찍 떨어지는 겨울
저녁에는 더더욱 소화가 잘 되는 음식인지를 따져봐야 합니다. 오늘 준비한
콩나물김치국밥은 소화 기능 향상에 탁월한 메뉴입니다. 무엇보다 배추는
식이섬유 함량이 높아 장운동을 도와 소화 기능을 회복시켜주지요. 콩나물도
속이 답답하기 쉬운 겨울에 신진대사를 도와주는 좋은 식품입니다. 칼칼하고
얼큰한 콩나물김치국밥에는 심심한 새송이버섯장아찌를 곁들여 밥상이 너무
자극적이지 않도록 신경 썼습니다.

석류
저열량, 저지방의 석류는 가을부터
겨울이 제철인 과일입니다. 특히
석류 씨앗 표면을 싸고 있는 천연
에스트로겐 호르몬 성분으로
'여성의 과일'로 불리기도 하지요.
비타민 함량도 높아 감기
예방에도 효과적입니다.

Menu 1 콩나물김치국밥

[재료] 현미밥 1공기, 콩나물 3줌(150g), 김치 70g, 대파 흰 부분 10cm, 채소국물 2와 1/2컵, 김칫국 1/2컵, 다진 마늘 1/2큰술

[만드는 법]
① 콩나물은 깨끗이 다듬어 씻는다.
② 김치는 송송 썰고 대파는 어슷 썬다.
③ 냄비에 송송 썬 김치와 콩나물, 채소국물, 김칫국을 넣고 끓인다.
④ ③이 끓으면 송송 썬 대파와 다진 마늘을 넣고 한 번 더 끓여 불을 끈다.
⑤ 넓은 그릇에 밥을 담고 콩나물국을 붓는다.

TIP 간이 필요하면 굵은 소금으로
겨울철에 흔한 김치를 활용해 쉽게 만들 수 있는 메뉴입니다. 김치와 콩나물 조합이 시원한 맛을 내지요. 한소끔 끓인 뒤 간이 부족할 때는 굵은 소금을 넣어야 시원한 맛이 유지됩니다.

Menu 2 새송이버섯장아찌

[재료] 새송이버섯 2개(50g)

[장아찌 국물] 채소국물 1컵, 가루간장 · 유기농 원당 1큰술씩

[만드는 법]
① 새송이버섯은 밑동만 제거해 적당한 두께로 슬라이스한다.
② 냄비에 분량의 장아찌 국물 재료를 모두 넣어 한소끔 끓인다.
③ 슬라이스한 새송이버섯에 ②의 뜨거운 국물을 붓는다.
④ 밀폐 용기에 담고 약 이틀간 숙성시켜 먹는다.

TIP 새송이버섯은 먹기 편한 모양으로
새송이버섯은 부피가 가벼워 양념 위로
떠올라 양념이 잘 배지 않을 수 있습니다.
깨끗이 씻은 돌로 눌러 숙성시키세요.

menu **2**
토란대무침

menu **1**
궁중떡볶이덮밥

겨울
금요일

궁중떡볶이덮밥과 토란대무침 밥상

궁중떡볶이덮밥 + 토란대무침 + 레드향

간식을 멀리하는 자연식 요리는 생각보다 다양한 종류의 요리로 밥상을
차립니다. 평소 간식으로 먹어오던 떡과 빵, 과일을 반찬처럼 밥상에
올리는가 하면, 떡볶이나 그라탱을 현미밥 위에 얹어 주식을 마련하기도
하지요. 오늘은 고추장 대신 채소국물과 간장으로 맛을 낸 궁중떡볶이를
현미밥 위에 올리는 궁중떡볶이덮밥을 만들어봅니다. 현미유와 깨소금을
더해 만든 현미 깨기름에 식이섬유 덩어리인 토란대를 무쳐 함께 먹으면
소화는 물론 고소한 맛까지 더해져 겨울철 입맛을 살려줄 거예요.

토란대
말린 토란대를 삶아 불렸다가 겉의
섬유소질을 벗겨내고 나물이나
국에 넣어 먹습니다. 토란뿐만
아니라 토란대에도 칼슘과 비타민
A, 카로틴, 칼륨 등이 풍부해
싱싱한 채소를 구하기 힘든 겨울에
챙겨 먹기 좋은 식재료이지요.

Menu 1 궁중떡볶이덮밥

[재료] 현미밥 2공기, 떡볶이 떡 250g, 양배추 2~3장(100g), 브로콜리 1/3개(약 70g),
느타리버섯 1줌(50g), 양파 1/4개(50g), 당근 1/5개(40g), 대파 약간

[간장 소스] 조청 · 통깨 · 다진 마늘 · 포도씨유 1큰술씩, 채소국물 1/2큰술, 가루간장 1작은술,
아마씨유 1/4작은술

[만드는 법]
① 떡볶이 떡은 하나씩 떼어 물에 담가둔다.
② 양배추와 양파, 당근은 손가락 굵기로 채 썬다. 브로콜리는 송이별로 떼어 데친다.
③ 느타리버섯은 손으로 찢어 2등분하고 대파는 어슷 썬다.
④ 포도씨유를 두른 팬에 다진 마늘을 볶다가 채소국물과 조청, 가루간장을 넣고 섞는다.
⑤ ④에 손질한 느타리버섯, 양배추, 당근과 물에서 건진 떡볶이 떡을 넣고 약한 불에
은근히 볶는다.
⑥ 채소의 숨이 죽으면 양파와 브로콜리, 대파를 넣어 한 번 뒤적이고 통깨, 아마씨유를
넣어 마무리한다.

TIP 채소에 간장 소스가 베이도록 넣기
궁중떡볶이덮밥은 자극적이지 않은
간장 소스로 맛을 내는 요리입니다.
떡과 채소에 간이 잘 배도록 익는 순서를
고려해 소스를 더해 볶아야 합니다.

Menu 2 # 토란대무침

[재료] 말린 토란대 100g, 대파 20g, 물 3큰술, 다진 마늘 2큰술, 가루간장 약간,
현미 깨기름 1큰술

* 현미 깨기름(1컵 기준) 깨소금 2큰술, 현미유 1컵

[만드는 법]
① 말린 토란대는 소금물에 푹 삶아 물에 충분히 우린 후 찬물에 담가둔다.
② 물에 담가두었던 토란대를 여러 헹궈 물기를 짜서 먹기 좋은 길이로 자른다.
대파는 어슷 썬다.
③ 볼에 토란대와 다진 마늘, 대파, 가루간장을 넣고 조물조물 무친다.
④ 현미 깨기름을 냄비에 두른 뒤 ③을 넣고 볶는다.
⑤ ④에 물을 넣고 뚜껑을 덮어 토란대가 부드러워질 때까지 약한 불로 끓인다.

TIP 소금물에 삶아야 아린 맛 제거
토란대는 잘못 먹으면 알레르기로 고생할
수도 있지요. 말린 토란대는 소금물에
푹 삶아 물에 충분히 담갔다 사용해야
아린 맛이 사라집니다.

menu **2**
밤겉절이

menu **1**
무국밥

겨울

토요일

무국밥과 밤겉절이 밥상

무국밥 + 밤겉절이 + 거봉포도

국밥은 가장 손쉽게 만들고 즐길 수 있는 겨울철 일품요리입니다.
특히 겨울 무를 채 썰어 넣은 무국밥은 시원한 맛이 일품이지요.
오래 끓일수록 입안에서 사르르 녹고, 먹고 나면 속도 편안해 저녁 밥상
메뉴로 제격입니다. 겨울 무에는 비타민 C가 풍부해 먹고 나면 기분
전환에도 도움이 되지요. 심심한 무국밥에 밤을 깎아 즉석에서 무친
밤겉절이를 더하면 영양 만점의 겨울 저녁 식사가 완성됩니다. 만약
무국밥에 간을 더하고 싶다면 홍고추를 넣은 양념장을 곁들여도 좋습니다.

무
무에는 특유의 전분 분해 효소가 있어
음식물의 소화 흡수를 촉진하지요.
겨울 감기로 목이 아프거나 열이 날
때도 도움이 되어요. 특히 겨울 무는
영양분이 가득해 겨울 보약으로도
불립니다. 생채부터 국거리, 볶음,
조림 등 다양한 요리에 쓰입니다.

Menu 1 무국밥

[재료] 현미밥 1공기, 무 200g, 채소국물 2컵, 굵은 소금 적당량
[양념장] 채소국물 2큰술, 가루간장 2작은술, 다진 마늘·다진 홍고추 약간씩

[만드는 법]
① 무는 씹는 맛이 있도록 0.7~0.8cm 굵기로 채 썬다.
② 냄비에 무를 넣고 채소국물을 부어 무가 익을 때까지 끓인 뒤 굵은 소금으로 간한다.
③ ②에 현미밥을 담고 한소끔 끓인다.
④ 볼에 분량의 재료를 고루 섞어 양념장을 만들어 곁들인다.

TIP 밥 한 공기 넣으면 국밥으로!
국밥을 만들 때 밥은 가장 나중에 넣어야 밥알이 풀리지 않아요. 오랫동안 뜨끈하게 국밥을 맛보고 싶다면 뚝배기에 밥을 넣어 끓여주세요. 콩나물과 무에서 수분이 나오므로 평소보다 물 양을 줄여주세요.

Menu 2 밤겉절이

[재료] 밤 10톨
[양념] 고춧가루 1과 1/4큰술, 물 1큰술, 현미찹쌀가루 2작은술, 가루간장 3/4작은술,
조청 · 꿀 1/4작은술씩, 다진 마늘 약간

[만드는 법]
① 밤은 속껍질까지 깨끗이 제거한다.
② 냄비에 물과 현미찹쌀가루를 넣어 잘 저어가며 풀을 쑤어 한 김 식힌다.
③ ②에 나머지 재료를 모두 넣고 잘 섞어 겉절이 양념을 만든다.
④ ③에 밤을 넣고 고루 섞은 뒤 밀폐 용기에 담아 냉장고에서 하루 동안 숙성시킨다.

TIP 속껍질은 끓는 물에 담갔다 벗기기
밤의 속껍질은 밤이 담긴 그릇에 끓는
물을 부어 10분간 두었다 빼내면 쉽게
벗길 수 있답니다. 끓는 물은 금세 식어
그사이 밤이 익지 않아요.

menu **2**
늙은호박김치

menu **1**
미역조랭이떡국

겨울

일요일

미역조랭이떡국과 늙은호박김치 밥상

미역조랭이떡국 + 늙은호박김치 + 대추토마토

미역국은 언제나 부담 없이 먹기 편한 음식이지요. 미역국에 떡국을 넣으면
한 끼를 대체할 요리가 완성됩니다. 이왕이면 동글동글 식감도 좋은
조랭이떡을 넣어 끓여보세요. 미역의 고소한 맛과 잘 어우러져 한 그릇을 뚝딱
비워내지요. 지난가을 수확해둔 늙은호박을 숭덩숭덩 썰어 김치 양념에 버무린
늙은호박김치도 이 겨울에 맛봐야 할 별미 김치입니다. 갓 담근 김치이지만
늙은호박의 깊은 맛이 느껴지지요. 은근한 맛의 미역조랭이떡국과 한 숟가락에
늙은호박김치 한 젓가락을 얹으면 겨울밤의 추위도 금세 녹아듭니다.

늙은호박
부기 치유, 해독 작용 등으로
예로부터 산모들이 출산 후 바로 끓여
먹던 채소입니다. 여러 호박 중 가장
크기가 커서 반 갈라 숟가락으로 속과
씨를 긁어낸 뒤 껍질을 벗겨 요리에
사용하지요. 위장이 약한 사람에게도
도움이 되는 식재료입니다.

Menu 1 미역조랭이떡국

[재료] 미역 · 떡볶이 떡 180g씩, 아몬드 20g, 채소국물 3컵, 가루간장 1큰술

[만드는 법]
① 미역은 불려 깨끗이 씻은 다음 물기를 빼고 먹기 좋은 크기로 자른다.
② 떡볶이용 떡을 말랑할 때 1.5cm 길이로 잘라 조랭이떡을 만든다.
③ 불린 미역은 가루간장으로 간해 조물조물 무쳐놓는다. 아몬드는 분쇄기에 넣고 간다.
④ 냄비에 채소국물을 붓고 조물조물 무쳐놓은 미역을 넣어 끓이다 한소끔 끓으면 조랭이떡을 넣고 한 번 더 끓인다.
⑤ ④에 아몬드가루를 넣고 고루 섞어준 다음 불을 끈다.

TIP 미역은 찬물에서 두어 번 씻기
미역은 옅은 소금물에 살살 흔들어 씻은 다음 찬물에 부드럽게 퍼지도록 합니다. 찬물에 두어 번 씻어 야들야들해지면 사용하세요.

Menu 2 늙은호박김치

[재료] 늙은호박 300g, 쪽파 2뿌리, 소금 1작은술

[양념] 채소국물 5큰술, 현미찹쌀풀 2큰술, 고춧가루 · 가루간장 1큰술씩, 마늘 1/2작은술

[만드는 법]

① 늙은호박은 속을 파내고 길이 4cm, 두께 0.5cm로 썰어 소금에 살짝 절인다.

② 볼에 분량의 양념 재료를 넣고 섞어 양념장을 만든다.

③ 쪽파는 5cm 길이로 썬다.

④ 절인 늙은호박의 물기를 빼고 양념장과 쪽파를 넣어 고루 버무린다.

TIP 늙은호박은 소금에 절여 사용

늙은호박도 김치로 담기 위해서는 소금에 절였다가 사용해야 합니다. 김치가 숙성되면 배추김치와 함께 찌개를 끓여 먹으면 맛있습니다.

사계절 동치미 담그기

자연식에서 동치미는 사계절 내내 먹을 수 있는 김치입니다. 만드는 방법은 일반 동치미와 크게 다르지 않은데, 다만 오랫동안 두고 삭혀 먹기보다 일주일 내에 먹는 김치이기에 소금의 양이 적은 게 특징이지요. 삭힌 고추 대신 홍고추와 청고추에 구멍을 내 넣으면 싱싱한 자연의 맛이 동치미 국물에 흡수됩니다. 담갔다가 하루 지나면 먹기 시작하세요. 먹을 때 사과나 배, 감을 썰어 동치미에 넣어 먹으면 더욱 상큼합니다.

사계절 동치미

[재료] 총각무 1.5kg, 쪽파 1단(800g), 배 1개(400g),
홍고추 · 청고추 5개씩, 마늘 6쪽, 생강 2톨, 물 15컵, 굵은 소금 2/3컵

[만드는 법]
① 총각무는 무청과 무를 분리해 상처가 나지 않도록 수세미로 씻어 잔털을 긁어낸다.
② 무는 껍질째 두툼하게 자르고, 무청도 적당한 길이로 잘라 굵은 소금을 뿌려 3시간 정도 절인다.
③ 쪽파와 고추는 통째로 씻는다. 마늘은 나박나박 저며 썰고, 생강은 찧는다.
④ 베보자기에 마늘과 생강을 싸서 항아리 가장 아래에 놓는다.
⑤ 그 위로 쪽파를 올리고, 소금에 절인 무와 무청을 넣는다.
⑥ 젓가락으로 홍고추와 청고추에 구멍을 낸다. 배도 깨끗이 씻어 껍질째 적당하게 자른다.
⑦ ⑤에 고추와 배를 올리고 물을 붓는다.

봄 · 여름 · 가을 · 겨울

자연식 계절 밥상
식단표

자연식 밥상은 자연에서 오는 재료를 활용하는 계절 밥상입니다.
계절이 바뀔 때마다 가까이 있는 재료를 밥상에 올리는 것이지요.
제철 재료로 만든 이로운 음식을 먹는 일입니다. 봄 · 여름 · 가을 · 겨울
계절이 바뀌듯 밥상의 색과 맛, 향기를 바꾸세요.

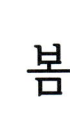

봄

겨우내 잃어버린 입맛을 향긋한 봄나물로 깨울 때입니다. 봄날은 나물과 새순을
먹을 수 있는 소중한 시간이기도 하지요. 제철을 맞은 쑥, 냉이, 달래, 죽순 등
이때를 놓치면 맛보기 어려운 자연의 맛을 밥상에 십분 활용하세요. 장바구니에
가득 담긴 봄 내음이 보약이 되는 계절입니다.

	아침 밥상	점심 밥상	저녁 밥상
월요일	현미완두콩죽+허브샌드위치 +마토마토카프리제+완두콩두유	쑥밥+콩나물국+무순말이밀고기 +달래무침	애호박국수+다시마조림
화요일	현미채소죽+고구마깻경단 +새송이시금치볶음+흑임자두유	취나물밥+얼갈이물김치 +두부카나페+죽순전	양배추죽순짬뽕+자차이
수요일	현미브로콜리죽+버섯우엉주먹밥 +양상추샐러드+두유	현미밥+밀고기꼬치구이 +부추전+생표고버섯회	쑥감자칼국수+죽순장아찌
목요일	마죽+매실장아찌주먹밥 +꿀감자샐러드+토마토두유	죽순초밥+삼색탕수+톳나물 +깨소스샐러드	부추만두찜+치자단무지
금요일	양송이버섯수프+쑥떡+콩샐러드 +쑥두유	수수밥+냉이국+두부조림 +생다시마쌈과 초고추장	자연식 커리덮밥+부추김치
토요일	감자수프+시금치커리와 공갈빵 +단호박구이+딸기두유	적근대쌈밥+얼갈이배추된장국 +고추장아찌+새싹샐러드	메밀수제비+세발나물
일요일	녹두죽+마늘빵 +애호박가지샐러드+금귤두유	기장밥+밀고기닭강정+감자볶음 +돌나물무침	잔치국수+감자오븐구이

여름

자연식을 실천하기에 가장 좋은 계절입니다. 각종 채소와 과일이 지천인 데다 더위와 갈증에 지친 몸이 수분이 많은 채소와 과일을 찾기 때문이지요. 녹음이 우거진 풍경을 밥상에 고스란히 옮겨놓고 즐겨보세요. 비타민과 미네랄, 각종 효소로 가득 찬 제철 재료가 밥상에 활기를 불어넣습니다.

	아침 밥상	점심 밥상	저녁 밥상
월요일	검은콩죽+파인애플볶음밥+오이피클+바나나두유	모둠채소비빔밥+감자국+새송이부추찜+구운 가지와 파프리카	열무국수+찐 단호박
화요일	파프리카죽+양배추롤+튀긴 사과샐러드+인삼두유	매실초밥+우무묵오이냉국+방풍나물+단호박모둠콩샐러드	애호박편수+오이소박이
수요일	콩죽+깻잎쌈밥+현미찹쌀가래떡구이+포도두유	고대미밥+고추김치+숙주볶음+채소화채	비빔냉면+냉면김치
목요일	감자캐슈너트죽+월남쌈+모둠튀김+삶은 과일주스	양배추쌈밥+밀고기너비구이+알감자조림+상추겉절이	메밀소바+파김치
금요일	잣죽+단호박토스트+아보카도샐러드+단호박식혜	김치쌈밥+콩나물무냉국+동그랑땡+양배추양파샐러드	통밀콩국수+배추물김치
토요일	현미견과류죽+콩잎주먹밥+바나나롤+당근두유	보리밥+고추전+밀불고기+오이샐러드	채소비빔쟁반국수+통밀건빵
일요일	당근수프+시나몬콩갈빵+딸기콤포트+시금치두유	애호박볶음밥+미역오이냉국+두부찜+쑥갓겉절이	짜장면+상추물김치

가을

가을은 알찬 보양 재료들로 가득합니다. 여름의 뜨거운 햇살을 견디며 자연의
기운을 쌓아온 열매들이 하나둘 여물어 세상에 나오지요. 갓 수확한 열매는 맛이
좋을 뿐 아니라 그 어느 때보다 영양이 풍부합니다. 고기보다 맛있다는 버섯, 늦가을
땅의 정기를 담은 뿌리채소로 밥상에 가을의 영양을 가득 담아보세요.

	아침 밥상	점심 밥상	저녁 밥상
월요일	대추죽+마늘잼과 통밀식빵 +밤호두조림+파인애플두유	옥수수밥+버섯전골+파전 +애호박나물	도토리묵국수+삶은 연근
화요일	고구마죽+현미찰떡말이 +가지그라탱+고구마두유	우엉당근밥+시금치된장국 +단호박전+연근절임	모둠버섯들깨국수+배추토마토겉절이
수요일	곡식플레이크+피스타치오잼과 통밀 모닝빵+채소볶음샐러드+우무묵두유	은행밤밥+버섯무조림 +밀고기떡말이갈비+생미역국냉국	단호박팥죽+사과나박김치
목요일	단호박수프+견과수수부꾸미 +감자샐러드+자색고구마두유	팥잡곡밥+미역국+두부탕수 +도토리묵무침	캐슈너트감자옹심이+깍두기
금요일	부추죽+블랙올리브와 통밀식빵 +말린 과일샐러드+밤두유	단호박밥+모둠버섯들깨찜+파나물 +연근조림	통밀수제비+깻잎겉절이
토요일	표고버섯죽+버섯볶음밥 +매실청소스샐러드+단호박두유	연근밥+밀고기새송이보쌈 +오이양파볶음+삼색조림	양송이브로콜리덮밥+비트김치
일요일	시금치죽+아몬드잼과 통밀모닝빵 +고구마유자청샐러드+검은콩두유	우엉연근주먹밥+모둠버섯회 +생밤인삼유자샐러드+파래무침	통밀스파게티+파프리카피클

겨울

자연의 섭리로 보면 겨울은 저장과 절제의 시간입니다. 가으내 갈무리했던 나물과 곡류, 견과류, 과일들을 꺼내 먹으며 다시 깨어날 봄을 준비할 때이지요. 특히 해조류는 겨울철에 부족해지기 쉬운 비타민과 식이섬유의 보고라 할 수 있습니다. 곡류와 해조류로 균형 있는 식단을 짜보세요.

	아침 밥상	점심 밥상	저녁 밥상
월요일	기장죽+팥시루떡+다시마쌈밥 +마두유	팥밥+콩비지찌개+두부김치말이 +배추나물	매생이떡국+봄동겉절이
화요일	율무죽+단호박만주+과일찜 +피스타치오두유	마늘볶음밥+단호박밀고기말이 +두부톳나물+생다시마와 양념장	김치만둣국+가지김치
수요일	팥죽+은행단호박마늘구이 +참나물떡샐러드+감두유	표고버섯초밥+순두부탕+시금치나물 +양파장아찌	두부양파덮밥+무말랭이장아찌
목요일	해초죽+현미찰떡김말이+밤인삼잼과 현미가래떡+해바라기씨두유	찰밥+밀고기장어구이 +미나리무침+메밀김치말이전	콩나물김치국밥+새송이버섯장아찌
금요일	닭맛죽+민들레시럽과 통밀바게트 +과일백김치+호두두유	새싹곤약덮밥+두부국+밀고기장조림 +김무침	궁중떡볶이덮밥+토란대무침
토요일	렌틸콩죽+감자그라탱+가지찜 +참깨두유	밤콩밥+시래기찌개 +표고버섯깐풍기+무생채	무국밥+밤겉절이
일요일	떡국+배추말이만두+깻잎장아찌 +캐슈너트두유	검은콩밥+버섯찌개+적채양파샐러드 +미역무무침	미역조랭이떡국+늙은호박김치

계절 밥상에 즐겨 오르는

자연식에
제철 재료

봄에는 파릇한 새싹을 즐기고, 여름엔 만개한 초록
잎을 즐깁니다. 가을에는 깊은 땅속에서 차오르는
수확의 기쁨을 나누지요. 겨울에는 지난 가을의
갈무리로 새 봄을 기다립니다. 자연의 이치에
거스르지 않는 제철 재료를 소개합니다.

	봄	여름	가을	겨울
채소	냉이, 달래, 돌나물, 마, 마늘, 미나리, 부추, 비트, 브로콜리, 쑥, 적근대, 죽순, 취나물	가지, 감자, 고추, 깻잎, 단호박, 당근, 새송이버섯, 숙주, 애호박, 양배추, 양파, 열무, 오이, 쪽파, 콩나물, 콩잎, 파프리카	고구마, 대파, 마, 방풍, 생강, 시금치, 연근, 인삼, 토란, 표고버섯	늙은호박, 더덕, 말린 나물, 무, 무말랭이, 배추, 새싹채소, 시래기, 우엉
해조류	다시마, 톳나물, 클로렐라		김, 매생이, 미역	
곡류	녹두, 메밀, 완두콩, 통밀, 흑임자	검은콩, 대두	들깨, 수수, 옥수수, 흑미	기장, 렌틸콩, 율무, 팥
과일	금귤, 딸기, 앵두, 토마토	매실, 멜론, 복숭아, 블루베리, 수박, 자두, 참외, 토마토, 포도	감, 대추, 무화과, 밤, 배, 사과	귤, 석류, 유자, 한라봉
견과류	은행, 잣, 캐슈너트, 피스타치오, 해바라기 씨, 호두			
식품	강황가루, 고춧가루, 도토리묵, 베지버거, 비지			

내 맘대로 식단 짜기

요리별 찾아보기

당근수프

쑥밥

잣죽

우엉당근밥

해초죽

단호박밥

현미밥

죽&수프

잡곡밥

쌈밥&주먹밥&초밥

표고버섯초밥

양배추쌈밥

국물요리

냉이국

콩비지찌개

구이&찜

생표고버섯회

단호박구이

전&튀김

동그랑땡

삼색탕수

봄동겉절이

밤겉절이

가지김치

오이소박이

콩샐러드

튀긴 사과샐러드

아보카도샐러드

양배추양파샐러드

겉절이&김치

샐러드

밀고기

밀불고기

밀고기떡말이갈비

조림&볶음

오이양파볶음

버섯무조림

나물&무침

파나물

돌나물무침

절임&장아찌

양파장아찌

깻잎장아찌

애호박편수

자연식 커리덮밥

캐슈너트감자옹심이

감자그라탱

토마토두유

완두콩두유

두유

단호박두유

일품요리

두유

면 요리

애호박국수

통밀스파게티

빵&떡

현미찹쌀가래떡구이

마늘빵

아몬드잼

잼

디저트

통밀건빵

삶은 과일주스

먹는 것이
최고의
예방약이고
치료약이다

송학운·김옥경의 몸을 살리는 자연식 밥상 365

2024년 7월 15일 7쇄 발행

저자   김옥경
펴낸이   문영애
사진   박종혁 histudio
디자인   8Ball Studio
푸드스타일링   박현희
어시스트   김민호, 나시여
교정   고영숙
인쇄/출력   도담프린팅
펴낸곳   수작걸다
주소   경기 용인시 수지구 동천로64
이메일   suzakbook@naver.com
인스타그램   suzakbook

ISBN 978-89-6993-007-1 13590